100個
圖解
改變世界的
關鍵發明

顯微鏡、罐頭、疫苗……
見證那些顛覆人類生活的創意奇想

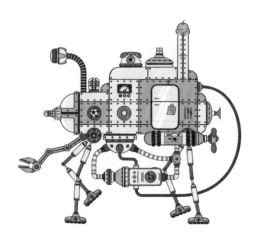

你曾經想過是誰發明的、為什麼發明嗎？
發明與科技如何引領未來社會呢？

圖解 100個 改變世界的 關鍵發明

顯微鏡、罐頭、疫苗……
見證那些顛覆人類生活的創意奇想

林唯信●著　賴姵瑜●譯

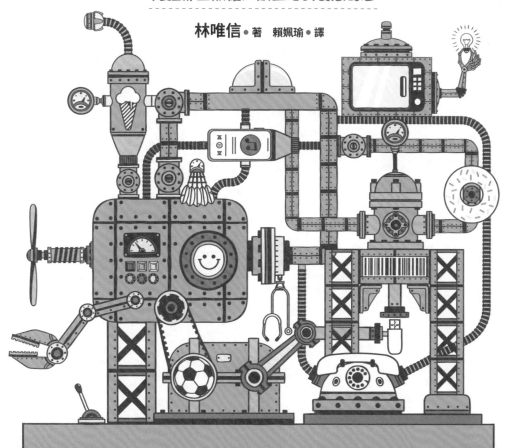

這些東西是何時發明的?

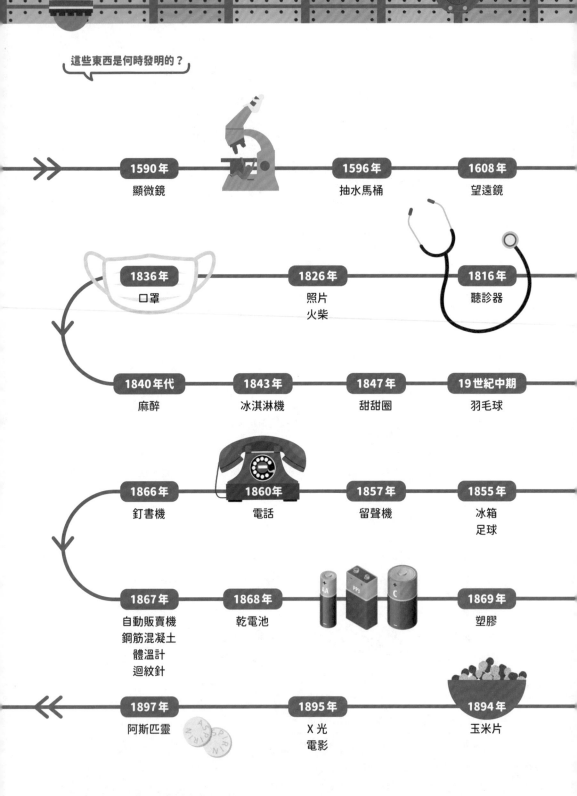

1590年	顯微鏡
1596年	抽水馬桶
1608年	望遠鏡
1836年	口罩
1826年	照片 火柴
1816年	聽診器
1840年代	麻醉
1843年	冰淇淋機
1847年	甜甜圈
19世紀中期	羽毛球
1866年	釘書機
1860年	電話
1857年	留聲機
1855年	冰箱 足球
1867年	自動販賣機 鋼筋混凝土 體溫計 迴紋針
1868年	乾電池
1869年	塑膠
1897年	阿斯匹靈
1895年	X光 電影
1894年	玉米片

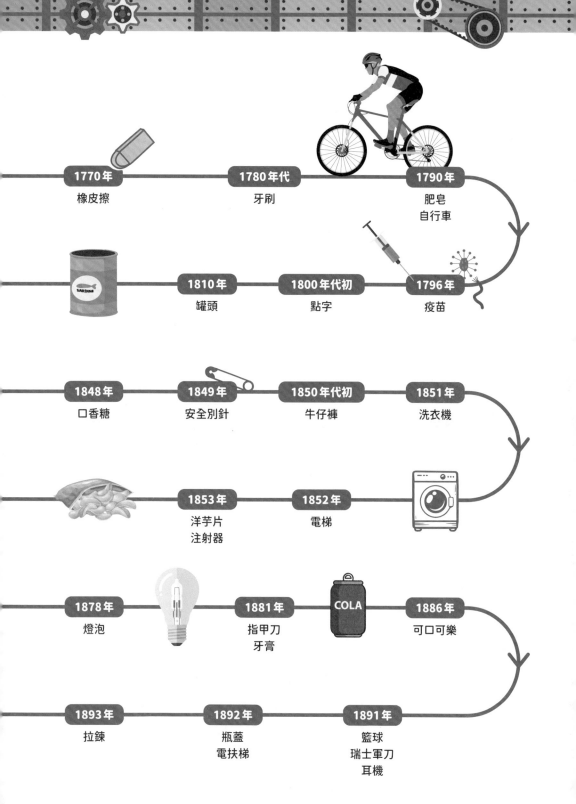

1770 年
橡皮擦

1780 年代
牙刷

1790 年
肥皂
自行車

1810 年
罐頭

1800 年代初
點字

1796 年
疫苗

1848 年
口香糖

1849 年
安全別針

1850 年代初
牛仔褲

1851 年
洗衣機

1853 年
洋芋片
注射器

1852 年
電梯

1878 年
燈泡

1881 年
指甲刀
牙膏

1886 年
可口可樂

1893 年
拉鍊

1892 年
瓶蓋
電扶梯

1891 年
籃球
瑞士軍刀
耳機

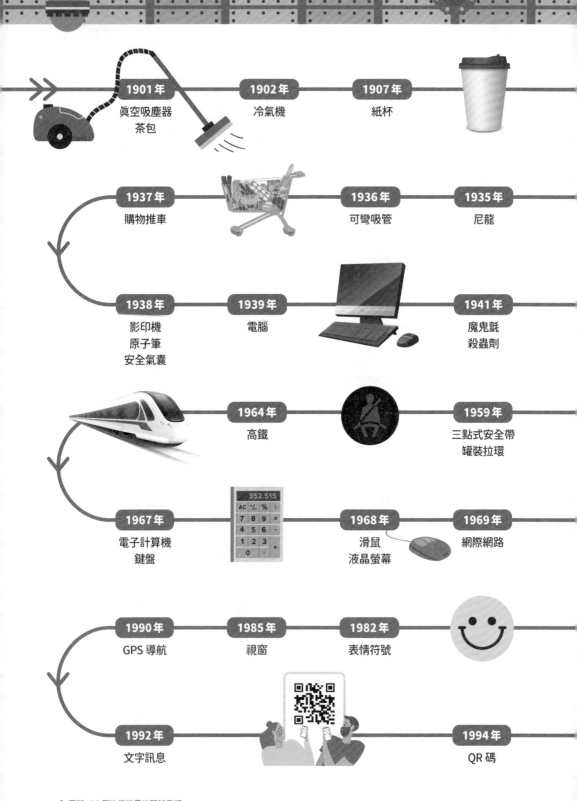

1901年
真空吸塵器
茶包

1902年
冷氣機

1907年
紙杯

1937年
購物推車

1936年
可彎吸管

1935年
尼龍

1938年
影印機
原子筆
安全氣囊

1939年
電腦

1941年
魔鬼氈
殺蟲劑

1964年
高鐵

1959年
三點式安全帶
罐裝拉環

1967年
電子計算機
鍵盤

1968年
滑鼠
液晶螢幕

1969年
網際網路

1990年
GPS 導航

1985年
視窗

1982年
表情符號

1992年
文字訊息

1994年
QR 碼

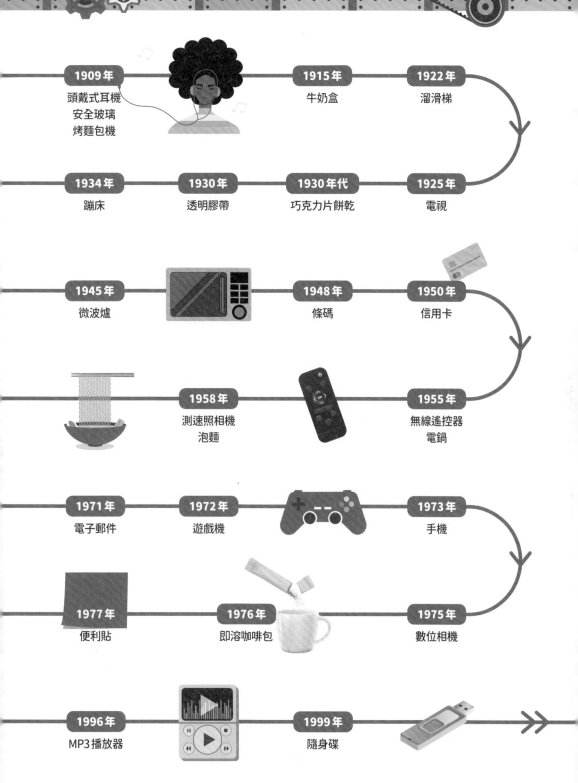

1909年
頭戴式耳機
安全玻璃
烤麵包機

1915年
牛奶盒

1922年
溜滑梯

1934年
蹦床

1930年
透明膠帶

1930年代
巧克力片餅乾

1925年
電視

1945年
微波爐

1948年
條碼

1950年
信用卡

1958年
測速照相機
泡麵

1955年
無線遙控器
電鍋

1971年
電子郵件

1972年
遊戲機

1973年
手機

1977年
便利貼

1976年
即溶咖啡包

1975年
數位相機

1996年
MP3播放器

1999年
隨身碟

小東西改變大世界

✿ 發明是創造出世上前所未有的事物

發明感覺是艱辛的工作，又看似為天才的領域，但其實，發明之路向所有人敞開。許多偉大發明始於生活中的小點子。發明的領域五花八門，對世界造成的影響也不一而足，不過，這些發明有其共同點。仔細觀察便會發現，發明就是前所未有的事物。從事發明的目的，在於讓生活更便利、更愉快享受、更安全健康，在於打造比現在更好的世界。即使是小事，讓現實變得更加美好的意志就是發明。

✿ 我們生活在發明之中

如果想喝牛奶時，打開容器需要工具或者經過複雜步驟就會相當不便。牛奶盒無須任何工具就能簡單用手打開。如果沒有電池，隨身攜帶電子設備是想都別想的事。如果沒有電燈，日落之後就不易活動。滿排鈕子的衣服不好穿，有拉鍊的衣服一次就能輕鬆快速穿上。如果沒有洗衣機，用手洗衣要花上數小時。如果沒有電梯，走上高樓層必得汗流浹背。環顧我們的四周，發明物處處可見。幸好有這些發明，讓生活便利許多。

✿ 發明的歷史就是人類的歷史

發明的歷史如同人類的歷史。人類總是不斷創造新事物。時間洪流下，隨著人口增加、文明的產生以及社會發展，發明也與日俱增。科技日新月異，發明的水準也越益提升。為了能更方便運作複雜的社會，就需要更多的發明。本書《圖解100個改變世界的關鍵發明》將介紹近現代改變我們生活的發明，彙整諸多在生活中輕易可見、但不知其偉大貢獻的發明。

　　第1章探討與食物有關的發明。為了維持生命，人類一輩子都得吃東西。本章將認識食物和製作食物的工具與容器等。

　　第2章介紹小而有用的發明。發明是根據需要而產生，即使是小小的發明也富有意義。儘管看起來微不足道，但少了就十分不便。

　　第3章彙整與我們生活密切相關、引發生活巨大變化的重要發明。本章將回顧這些發明實現萬眾期盼的種種貢獻。

　　第4章是為增進健康生活的發明。健康需要努力維持，為了擁有不痛不病、乾淨整潔的生活，這些發明扮演了重大角色。

　　第5章會介紹改變人們娛樂生活的發明。運動、文化生活、休閒嗜好等多樣領域的發明。

　　第6章將探討數位發明的世界。現今社會離不開電腦與網絡，本章將審視這些開啟新世界的發明。

　　被譽為發明王的愛迪生曾說：「需要是發明之母（Necessity is the mother of invention）」。「這樣做會不會更好？」「這樣改應該更方便」、「要是多了這個應該可以更輕鬆」……你也曾有諸如此類的想法吧。發明的第一步，就是有想製作出需要的東西、想要改變的念頭。若是將意圖改善的想法付諸實踐，就能完成發明。一起看看近現代的主要發明，並培養成為發明家的夢想吧。

2022年1月

林唯信

目次

第1章

讓滋味更美好

我們能夠輕鬆買食物來吃或親手料理餐點，皆是拜發明之賜。無論罐裝冷飲或牛奶紙盒，打開的方法都十分簡單。冰淇淋、甜甜圈或洋芋片，都是出自於某人的發明，我們才能輕鬆品嚐。有了烤麵包機或電鍋，要吃麵包、米飯也變得非常方便。只要在綠茶茶包或即溶咖啡中加入熱水，就能簡便地享用。除此之外，回顧我們的飲食生活，充滿著豐富繁多的發明，說我們活在發明的世界中也不為過。

COLA

發明是文明發展的結果。我們常吃的米飯，過去是在灶口生火，用大鐵鍋煮來吃。後來，鍋子的尺寸變小，以石油或燃料取代木柴的生火工具問世後，煮飯變得更容易了。如今，使用電鍋讓煮飯十分簡便。即食飯連洗米浸泡都不必，只要用微波爐加熱即可。諸如此類，讓飲食生活更方便的發明不斷地推陳出新。

1810年，英國
彼得・杜蘭德（Peter Durand，1766～1822）

罐頭 can

曾是軍隊戰糧
如今成為一般食品

罐頭始於法國拿破崙時代

罐頭的保存期限長，可以作為應急糧食，也可以作為一般食品廣泛使用，還能在野外活動時派上用場，輕鬆吃到食物。舉例來說，在韓國鮪魚和火腿罐頭尤其受到歡迎。

罐頭的起源，可以追溯到18至19世紀法國皇帝拿破崙時代。由於連年征戰，糧食供給遇到困難，另一問題則是備餐麻煩。當時，軍人必須帶著鍋子上戰場，在駐紮地尋找柴火，將配給的食材煮來吃。戰場上分秒必爭，加上軍隊事務繁重，體力也會下降，卻還要耗費大量時間與精力在解決餐食。

只要能簡單解決吃飯問題，就能以更高效率打仗。為了尋找解決方案，拿破崙一世（Napoléon I，1769～1821）以1萬2000法郎的獎金懸賞解決方案。他提出的條件是要滿足營養、口味、方便攜帶三點，而且不得添加防腐劑。所尋找的正是現代軍人在戰爭時吃的戰糧。

以鍍錫鐵罐頭取得專利者為英國人

瓶裝的發明比罐頭更早。經營糕點店的法國人尼古拉・阿佩爾（Nicolas Appert，1750～1841）在1804年發明保存瓶，獲得拿破崙的懸賞獎金。阿佩爾將食材放入玻璃瓶中，加熱後蓋上軟木塞密封成了保存食材的瓶裝。運用的原理是加熱期間食物中的細菌死亡、密封後細菌無法滲透，因此食物比較不會腐壞。雖然瓶裝

可以長時間保存食物3週以上，但玻璃卻有易碎又重的缺點。

解決瓶裝缺點的是英國人彼得·杜蘭德。1810年，他取得以鍍錫鐵（又稱馬口鐵）製作罐頭的專利。鍍錫鐵罐頭價格昂貴，不好打開，當時未能順利廣泛推廣。直到1858年開罐器問世後，罐頭才開始廣為流傳。歷經美國南北戰爭（1861～

> **同樣意指罐頭，英語中「can」與「tin」的語源**
>
> 鐵直接使用會生鏽，不適合作為罐頭的材料。鐵皮上鍍錫後不會生鏽，鍍錫鐵罐頭稱為「tin canister」，所以美國稱罐頭為「can」，英國則稱之為「tin」。

1865）、第一次和第二次世界大戰（1914～1918、1939～1945）、越南戰爭（1960～1975）等戰爭，罐頭有了更進一步的發展。

⚙ 逾90年後在北極發現完好如初的罐頭

隨著罐頭的發明，探險環境也產生變化。1800年代初中期的北極探勘隊啟程時，一定會帶上罐頭。實際上，1819年某探勘隊帶去的豆湯和牛肉罐頭，經過數十年後在1911年被發現，內容物沒有變化，仍完好如初。這個故事告訴大家，罐頭食品的保存功能確實相當優異。

罐頭與垃圾郵件，SPAM

午餐肉（spam）是美國肉加工公司荷美爾（Hormel）將製作火腿剩下的豬肩肉磨碎，添加調味料製成。午餐肉於1937年問世，二戰期間大量消費作為戰糧與友邦援助物資。SPAM 是「調味火腿（spiced ham）」、「豬肩肉與火腿（Shoulder of Pork And Ham）」的縮寫。荷美爾曾為午餐肉大作廣告，到了現代便將濫發的垃圾廣告郵件稱為 SPAM，即暗喻如同罐頭廣告。

罐頭保存期限長的理由

罐頭若未開封或損壞，一般可保存6至7年左右。由於得以長期保存，許多人認為罐頭食物經過防腐劑處理。其實，一般罐頭未做特殊加工，食物是以原本的調理狀態直接裝入。罐頭也經過仔細清洗再加熱殺菌，且採密封的方式，以阻斷空氣和水分等造成微生物繁殖的原因進入罐頭。

冰淇淋機
ice-cream freezer

牛奶與空氣的
甜蜜融合

⚙ 冰淇淋的起源

　　過去，如果不是冬天很難取得冰塊，必須挖來高山上的殘雪，或者保存冬天結成的冰塊才能在炎熱的日子裡吃到。冰淇淋的起源不詳，推測初始大概是將冰塊與果汁或牛奶混著吃。

　　在中國，據說3000多年前就會將冰塊淋上果汁來吃。西元前4世紀左右，也有亞歷山大大帝（356～323 B.C.）吃冰淇淋的紀錄。西元前1世紀左右，羅馬皇帝凱撒（100～44 B.C.）取來阿爾卑斯山的萬年雪，混合牛奶或水果食用。義大利探險家馬可波羅（1254～1324）於《馬可波羅遊記》中寫道，曾在中國北京學習冷凍牛奶的方法。18世紀，出身於那不勒斯的內科醫生菲利普・巴迪尼（Filippo Baldini，1625～1696）出版《雪酪（De Sorbetti）》甜點書，記下各種製作冰淇淋的方法。

▲ 吃冰淇淋的貴族女性（法國諷刺漫畫，1801）

⚙ 首位製作冰淇淋機的家庭主婦南希・詹森

南希・詹森在1843年製造手動式木桶冷凍機。南希・詹森將專利權轉讓給廚具公司威廉・楊（William Young）。經過反覆改良，威廉・楊推出冰淇淋機。將冰淇淋正式大眾化的人，則是被譽為「冰淇淋之父」的雅各・福塞爾（Jacob Fussell，1819～1912）。他在1851年興建冰淇淋工廠，開始大量生產。

冰淇淋頭痛

快速吃冰淇淋時，頭痛得發暈的現象稱為冰淇淋頭痛。這是冰淇淋觸及上顎時，為了不讓腦部變冷而產生的身體保護機制。

⚙ 各國有不同的冰淇淋標準

雖然放在冰箱裡販售的冰品看起來都大同小異，但要稱之為冰淇淋實際上有一定的標準。各國的標準不一，不過乳脂肪、乳固形物、糖、密度、空氣打發程度等多項因素的比例，都必須符合一定標準。以韓國為例，乳脂肪必須達到6%以上，乳固形物必須達到16%以上。在某些國家，未達標準者不得標示「冰淇淋」。

⚙ 冰淇淋軟綿口感的祕密

在口中慢慢融化開來的軟綿口感，正是冰淇淋的重要特色，而這軟綿口感的祕訣就是空氣。攪拌食材時混入空氣，可以製造出軟綿的口感。冰淇淋在融化成液體的狀態下體積會比冰凍時小，正是因為融化會讓空氣排出的緣故。打入的空氣越多，冰淇淋的口感就會越綿密。

冰淇淋中氣泡的祕密

冰淇淋約有一半是空氣，雖然膨脹到原食材的2倍大小，但要以肉眼辨識是否打入空氣並非一件易事。原因在於氣泡細小，冰淇淋裡的氣泡大小約為10微米（μm）。1微米即1/1000公釐（mm），肉眼難以區分。

冰淇淋的保存溫度低於0℃的理由

冰淇淋的保存溫度建議為零下18℃。水會在0℃時結冰，而冰淇淋的保存溫度遠遠更低。如果水中有其他的物質，則結冰的溫度會降低。原因在於，冰是由水分子結合產生的現象，若是摻入其他物質會妨礙結合。

甜甜圈
doughnut

圓圈形狀中隱藏著
美味祕訣

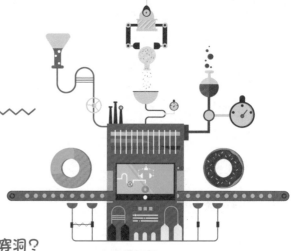

⚙ 是誰決定要在甜甜圈中間穿洞？

　　這是為了吃得更多，還是方便炸得熟透呢？誰料想得到一個洞竟然會帶來如此多的疑問。甜甜圈是將麵粉、糖、雞蛋、牛奶、脂肪、酵母等混成麵團後再油炸的食物。甜甜圈外觀多樣，以中間穿洞的環形甜甜圈為代表。

　　洞孔的由來眾說紛紜。第一種說法是源自1847年荷蘭裔美國人漢森・格雷戈里船長的靈感。據說，他想把荷蘭常吃的油炸麵包（olykoek）插在船舵上，方便隨手食用，於是拜託母親將麵包中間穿洞。也有人說船長是為了節省食材費，所以把中間挖掉。還有人說，他是因為討厭中間半生不熟，總是去除才吃，後來索性穿洞後再油炸。在船長的故鄉美國緬因州羅克波特（Rockport），樹立著紀念其貢獻的紀念碑。

　　第二種說法是源自印第安村落。兩名印第安人在射箭，恰好附近有人正在製作麵團。印第安人射箭正中麵團，揉麵的人嚇一跳，於是麵團掉入油桶。穿洞的麵團油炸後熟得很均勻，所以後來製作時都把中間拿掉。除此之外，還有許多其他說法流傳。

⚙ 甜甜圈在1920年代成為美國的代表點心

　　甜甜圈機在甜甜圈的推廣上扮演了重要角色。1920年，出身於前蘇聯的猶裔難民阿道夫・萊維特（Adolph Levitt）打造出自動甜甜圈機。他在紐約製作甜甜圈販

售，深受前來附近劇院人們的喜愛。但以手工——油炸製作的方式無法應付需求，在客人們的建議之下，萊維特嘗試打造甜甜圈機。後來萊維特成功打造出甜甜圈機，獲得了巨大的成功。甜甜圈機設置於大片窗戶之前，人們可以親眼看到製作甜甜圈的過程。

甜甜圈與警察

Dunkin' Donuts 是甜甜圈連鎖店的代名詞，門市 24 小時營業。由於門市大多位於僻靜處，往往成為強匪的目標。熬夜值勤的警察，夜間沒有能夠填飽肚子的地方，Dunkin' Donuts 便為深夜工作的警察提供了免費或較便宜的甜甜圈。警察進進出出，自然解決了治安問題，警察也得以在深夜解決一餐。

甜甜圈名稱的由來

甜甜圈（doughnut）的名稱從何而來？被視為穿洞甜甜圈始祖的油炸麵球（oliebollen），原是在麵團（dough）中間放入堅果（nuts）的麵包。由於中間部分炸不熟，所以填放堅果。原本稱為「nuts of dough」，後來改稱「doughnut」。

油炸麵球

儘管分量會減少，甜甜圈中間還是有洞孔的理由

油加熱時的升溫速度快，但麵粉傳熱慢。由於油的熱傳導快，油炸食品的烹調時間短。油和食材之間的傳熱時間差異大時，會發生表面焦掉，裡頭卻還不熟的狀況。洞孔能使麵團接觸油的面積變大，甜甜圈的裡外都能均勻炸熟。中間穿洞能讓麵團整體透氣良好，水分蒸發快，油炸後變得酥脆，也容易維持原形。依照洞孔大小不同，酥脆程度也有所不同，所以在開發甜甜圈品項時，洞孔的大小是一大重點。

口香糖 gum

這是在嚼塑膠？
變成食物的塑膠

⚙ 嚼口香糖的好處

　　口香糖（chewing gum）一詞由咀嚼（chewing）與橡膠（gum）組成。古希臘人、馬雅人、北美印第安人，自古就像嚼口香糖一樣，咀嚼樹上流出的樹液。

　　若是觀看運動競賽，鏡頭也經常捕捉到選手或教練嚼口香糖的模樣，如此舉動的目的是為了舒緩緊張情緒。嚼口香糖時口內唾液大量分泌，能減少口臭。唾液對消化也有幫助。咀嚼動作可以活化腦部活動，提升專注力，也能緩解壓力。另外，嚼口香糖也可以清除牙齒之間的異物。

⚙ 口香糖的發展史

- **商業化的口香糖**　1848年由美國實業家約翰・柯提斯推出。當時是利用雲杉流出的樹液製成天然口香糖。
- **口香糖專利**　1869年，美國牙科醫生威廉・森普爾（William Semple，1832～1923）首度取得專利。
- **芝蘭口香糖**　1871年，美國發明家湯瑪斯・亞當斯（Thomas Adams，1818～1905）自墨西哥的將軍那聽說了樹膠（chicle）。一開始，他計劃用樹膠製作工業用產品。後來，亞當斯回想起墨西哥人會如同嚼口香糖一般咀嚼樹膠，遂利用樹膠製作可謂現代口香糖始祖的芝蘭口香糖。
- **箭牌口香糖**　1890年代初期，小威廉・瑞格理（William Wrigley Jr.，1861～1932）創立箭牌公司（Wrigley），在美國各地銷售箭牌口香糖並廣受青睞。

- **泡泡糖** 1906年，由美國糕點業者法蘭克・費力爾（Frank Fleer，1860～1921）首度製成，但並未商業化。1928年，會計師沃爾特・迪默（Walter Diemer，1904～1998）推出的泡泡糖產品大受歡迎。第二次世界大戰爆發後，泡泡糖傳遍全世界。

提神口香糖

在口香糖中加入讓人清醒提神的咖啡因或薄荷醇等帶來清涼感的物質，正是口香糖可提神的原理。由於成分含量少，只嚼一個口香糖不易看出效果。嚼口香糖的行為本身會刺激腦部，有助提神醒腦。

⚙ 口香糖是將糖或薄荷等香料放入橡膠製成

樹膠是口香糖的原料，但產地有限，產量也不多。用天然樹膠製作的口香糖也容易黏牙。第二次世界大戰結束後，在日本經營食品公司的山本佐與治在尋找樹膠的替代材料時，想到聚醋酸乙烯樹脂。雖然戰敗日本沒有樹膠，但原本作為軍用品的聚醋酸乙烯樹脂相當多。山本佐與治將香料放入聚醋酸乙烯樹脂，成功製作出口香糖。一開始由於醋酸味太重導致難以咀嚼，不過之後改用無異味的乙烯後，好入口的口香糖就此問世。

⚙ 口香糖吞下肚不會分解，而是排出體外

應該都聽說過吞下口香糖的話，會長時間留在肚子裡而對身體有害。其實口香糖進到肚子裡會經過胃酸分解，而無法分解的樹脂成分則會混入糞便、排出體外。

嚼口香糖時喝冷水，口香糖會變硬的理由

物體變軟的溫度叫做軟化點。嚼口香糖時喝冷水的話，溫度會降到軟化點以下，口香糖也會變硬。只要將口香糖繼續留在口中，當溫度達到體溫時就會變軟。

口香糖的原料

樹膠（chicle） 原產於中南美的橡膠植物人心果（sapodilla）經劃痕後採集而得的液體，用來作為口香糖的原料。

聚醋酸乙烯樹脂（polyvinyl acetate resin） 口香糖使用的聚醋酸乙烯樹脂是石油合成的物質，可視為橡膠或塑膠的一種。聚醋酸乙烯樹脂價格便宜，所以成為天然樹膠的替代品。加入化學物質後，口感與天然樹膠差不多。

人心果樹 ▶

洋芋片 potato chips

從厚度與聲音來享受的零食

⚙ 零食界的代表 —— 洋芋片

零食種類繁多，但最主要的材料為麵粉、玉米、馬鈴薯。三大零食材料在市場上旗鼓相當，展開口味較勁。

用馬鈴薯製作的零食中，最具代表性的產品是洋芋片。洋芋片一詞中的「洋芋」，指的正是馬鈴薯。洋芋片不一定都是將生馬鈴薯切片製成，作法可分為生馬鈴薯切片後油炸，或者是將馬鈴薯粉中摻入其他成分後成洋芋片的形狀，然後再油炸或烘烤。

⚙ 馬鈴薯是任何地方都能生長、易種植的糧食

馬鈴薯的原產地是南美安第斯山脈。印加文明自古種植馬鈴薯。16世紀西班牙探險家將馬鈴薯傳播到歐洲。一開始，馬鈴薯未被廣泛接受。由於外觀怪異，還被稱為「惡魔植物」，也有吃下去會得病的奇怪傳聞，當時用作餵養家畜或奴隸吃的食物。

後來，由於馬鈴薯在任何地方都長得好、易種植，糧食價值高的事實傳開後，不僅成為主食，甚至成為救荒作物（歉收荒年來臨時，可以替代主食的農作物，有馬鈴薯和蕎麥等）。電影《絕地救援（The Martian）》中講述漂流到火星上的太空人故事，其中就出現用火星土壤種植馬鈴薯的劇情，象徵性地顯示馬鈴薯在任何地方都能順利生長的事實。

✿ 洋芋片的由來

　　洋芋片的由來有多種說法，以喬治·克魯姆的故事最為著名。非洲裔美國廚師克魯姆曾在美國紐約餐廳工作。1853年的某一天，一名客人抱怨他做的炸薯條。當時馬鈴薯經厚切油炸，再用叉子吃，客人生氣說炸薯條太厚，沒有熟透。後來又將馬鈴薯切得較薄，但客人還是說太厚，拒絕了數次。

　　喬治·克魯姆怒火中燒，為了氣客人，他故意將馬鈴薯切得非常薄再油炸，讓客人用叉子不方便吃，還撒了很多鹽。原以為客人會生氣，但客人用手拿起來吃，反而說很美味想再吃更多。喬治·克魯姆看到客人的反應後，決定繼續製作這道菜，開發出名為「馬鈴薯脆餅」的品項。後來，馬鈴薯脆餅按地方名，取名為「薩拉托加洋芋片（Saratoga chips）」，成為著名特產。1895年，克利夫蘭成立生產洋芋片的工廠。從此以後，洋芋片不僅傳遍美國，也成為全世界大受歡迎的人氣食品。

✿ 洋芋片不是一口大小的理由

　　吃洋芋片時有喀滋喀滋的脆裂聲感覺更好吃。酥脆的聲音能表現出洋芋片並非潮濕狀態，若是將洋芋片一次放入口中就聽不到這樣的聲音了。為了讓吃的時候能至少用牙齒咬斷一次，才會製作成較大的片狀。

決定洋芋片美味的厚度是1.2至1.4公釐左右

生馬鈴薯成分中水分占80%左右。馬鈴薯切好油炸的話，水分會幾乎消失，而油填滿一半左右，油分進入能讓洋芋片更好吃。根據馬鈴薯的切片厚度，水分和油的量也有所不同。切得太薄油會過多，太厚則會殘留水分，口感不佳。最能發揮洋芋片口感與美味的適當厚度是1.2至1.4公釐左右。

冰箱
refrigerator

改變熱流的
保鮮革命

⚙ 從製作冰塊的技術到發明冰箱

地球是一個巨大的冰箱。北極、南極或高山頂的溫度很低，所以總是有冰。季節變化大的地區，一到冬天就變成冰箱。然而，像熱帶地區般一年四季溫暖的地方就很難看到冰。

首度開發出製冰技術的人是英國科學家威廉・卡倫（William Cullen，1710～1790）。他看到汗乾帶走皮膚熱量的現象，了解到液體變成氣體時會吸收周圍熱量。1748年，他利用所謂乙醚的物質成功將水凍結。

1834年，美國發明家雅各・帕金斯（Jacob Perkins，1766～1849）發明人工製冰的蒸汽壓縮機。原理與現代冰箱相似，但並未作為商品生產。

發明與現代冰箱相似之冰箱的是蘇格蘭印刷工人詹姆斯・哈里森。使用活字後殘留印刷墨水時，必須用所謂乙醚的物質擦拭。乙醚蒸發時，手部會有清涼感，哈里森對此感到疑惑，他埋首研究後發現，氣體經加壓後會變成液體。哈里森利用乙醚，發明了裝有蒸汽壓縮機的冰箱，並於1855年獲得專利。冰箱在肉製品加工或啤酒業界之間大受歡迎。

家用冰箱的起源是由法國修士馬歇爾・奧迪夫倫（Marcel Audiffren）發明。目的是為了冷藏葡萄酒，1895年和1908年兩次獲得專利。1911年，奇異公司（General Electric）取得奧迪夫倫的技術權利製造出冰箱，但由於價格昂貴，銷售不佳。冰箱的正式

▲ Monitor Top 冰箱

普及，是從1925年奇異公司推出 Monitor Top 冰箱開始。隨著冰箱的問世，也解決了人類對於食物保存的憂慮。

⚙ 冰箱的種類

冰箱的登場讓食物得以保鮮，從此我們的飲食生活產生巨大變化。冰箱種類多樣，也有辛奇（泡菜）、葡萄酒、飲料等特定食品的專用冰箱上市。不只是保存食物，冰箱也能用來保存化妝品、藥品、血液等需要冷藏的物質或產品。

古時候也有冰箱

春秋戰國時期撰寫的《禮記》書中出現「伐冰之家」一詞，意指擁有用冰資格的大戶人家。這是最早出現用冰紀錄的書。古時候無法自行製作冰塊，須冬天購買或取高山冰塊保存在倉庫裡。韓國古時也有保存冰塊的冰庫。

冰箱冷卻原理

自然現象有其常理，例如水往低處流、時間不會倒流。而熱能會從高溫處往低溫處傳遞，像是冬天握住冰涼的把手，手會變冷是因為手的熱能流向把手。若是觸摸裝有熱水的杯子，也會因為熱能從杯子轉移到手而讓手變熱。

冰箱則是相反。將冰箱裡頭的熱能送到溫暖的外頭，保持冰箱內部的冰涼。透過機械裝置的力量，可以暫時改變熱流。

冰箱內有可移動熱能的物質，稱為冷媒。在壓縮機以高溫高壓壓縮而成的冷媒，通過冷凝器時會散發熱能化為液體，經過毛細管變成液化氣體，在蒸發器蒸發為氣體，冰箱內的溫度隨之下降，此過程反覆循環變是冰箱的冷卻機制。

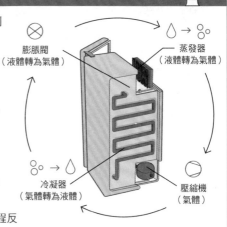

膨脹閥
（液體轉為氣體）

蒸發器
（液體轉為氣體）

冷凝器
（氣體轉為液體）

壓縮機
（氣體）

引起環境問題的冷媒

冰箱冷媒外洩會導致環境汙染。早期使用的氟氯碳化物稱為氟氯烷（freon），嚴重破壞了臭氧層。雖然出現氫氟氯碳化物取代氟氯烷，但與氟氯烷沒有太大差異。為了取代氫氟氯碳化物而出現的氫氟碳化物（HFCs，氫氟烴）則會引起溫室效應。科學家們正在開發不會引起環境問題的冷媒。

可口可樂
Coca-Cola(=Coke)

製作方法依然無從知曉
全世界的共通飲料

⚙ 可口可樂是在 1886 年由藥劑師約翰・彭伯頓發明

約翰・彭伯頓在尋找讓人心情舒暢的藥物配方時，將古柯樹葉和可樂果實混合，加入多種芳香油製成糖漿。彭伯頓在雅各藥房（Jacobs' Pharmacy）販售自己的發明，飲用方式是用碳酸水沖入糖漿來喝。

▲ 約翰・彭伯頓

事業夥伴兼會計負責人法蘭克・羅賓森（Frank Robinson，1845～1923）從古柯樹和可樂樹獲得靈感，取名可口可樂（CoCa-Kola）。羅賓森將 K 改為 C（CoCa-Cola），使用草寫字體，製作美觀大方的 Logo 標誌。可口可樂在初期不具人氣，彭伯頓曾將商業權利轉讓多人。正式將可口可樂推向世界大眾的人是阿薩・坎德勒（Asa Candler，1851～1929）。他創立公司，孕育出美國的代表性飲料。

⚙ 神祕莫測的製造方法

可口可樂發明已逾百年，但製造配方依然只有極少數人知道。配方不申請專利，採祕密保管。由於僅總經理和副總經理兩人知道，據說兩人不會搭乘同一架飛機。原本由紐約銀行保管的製造祕方，於 2011 年轉移到美國亞特蘭大可口可樂博物館保管。

⚙ 可樂瓶的設計

可口可樂以中間收細的瓶身設計聞名，此設計從1915年開始使用。當時出現許多類似產品，於是可口可樂製造商公開徵集可樂瓶的設計，條件是在暗處用手觸摸或看到碎片，就能一下辨認出是否為可口可樂。玻璃瓶公司設計師亞歷山大·薩繆爾森（Alexander Samuelson，1862～1934）和厄爾·迪恩（Earl Dean，1890～1972）的設計獲選。兩位設計師將可樂果實誤認為是可可豆，於是模仿可可豆的外觀進行設計。

初期瓶身為中間外突、下部狹窄，生產時經常斜倒。之後減少外突部分，下部更加凹入，改良成現在瓶子的模樣。由於外觀與當時美國流行的裙子有幾分相似，所以備受矚目。新可樂瓶的外觀，再次帶動可口可樂的人氣向上攀升。可樂瓶甚至登上1950年美國《時代》雜誌的封面，這也是首度由非人物的產品登上封面。

⚙ 可樂是消化不良時的良藥？

包括可樂在內的碳酸飲料，裡頭的二氧化碳進入胃腸後體積會增大，當胃腸中的二氧化碳透過打嗝排出，未消化的食物被推到腸道裡，感覺像是完成消化。但由於食物未充分消化就下移，反而會產生消化障礙或胃酸逆流等不良影響。

爆發的可樂

可樂搖晃之後打開瓶蓋，飲料會爆發式湧出。這是飲料中內含二氧化碳排出的現象。網路上也可以輕易找到可樂未搖晃，只是加入曼陀珠糖果就爆發的影片。仔細看曼陀珠的話，曼陀珠表面上有無數小孔，質地粗糙，因此破壞水分子與二氧化碳的作用力，導致二氧化碳快速釋放出來。

烤麵包機
toaster

烤麵包方法的
一大轉折點

涼掉或變硬的吐司，烤過之後會恢復美味

剛出爐的吐司吃起來柔軟、有嚼勁，十分美味。雖然吐司可以直接吃，但烤過之後更好吃。將涼掉或變硬的吐司烤過之後也能恢復原本的風味。利用烤麵包機就能簡單烤好麵包，還能恢復麵包的濕潤、酥脆或柔軟的質感，讓滋味更加香濃。

有助於烤麵包機普及的切片吐司

說到吐司，當然會先想到切片吐司。一整塊啃著吃的麵包反而被認為是不同類型的特殊產品。我們已經習慣使用烤麵包機，所以覺得吐司當然要切片賣。與可回溯到幾千年前的麵包歷史相比，切片吐司的歷史相當短。切片吐司是1928年美國發明家奧托・弗雷德瑞克・羅威德（Otto Frederick Rohwedder，1880～1960）發明麵包切片機後才出現。不出兩年，美國全國販售切片吐司的比例超過一半。再過三年後，切片吐司的比例達到80％，成為吐司的基本形態。

⚙ 1909年首度出現電動烤麵包機，並申請專利

　　烤麵包機剛發明時，電線經常融化，火災危險高，所以未順利普及。真正的電烤麵包機是1909年由奇異公司的技術人員法蘭克・謝勒發明，命名為 D-12，不過當時一次只能烤一面，還要適時用手翻面。該產品在美國銷售100萬個以上，大受歡迎。

　　1921年由發明家查爾斯・史翠特（Charles Strite，1878～1956）獲得自動彈跳式烤麵包機的專利。這種烤麵包機內設有計時器，經過一定時間後啟動彈簧，麵包會彈起。烤麵包機自發明以來，基本形態或原理沒有太大變化，一直延續至今。

鎳鉻合金線與紅外線輻射

烤麵包需要有熱能。用烤麵包機烤麵包時，可以看到紅色發熱的部分是鎳鉻合金線，即混合鎳80%與鉻20%的鎳鉻合金。

鎳鉻合金線過電時會產生紅外線輻射熱，可將麵包烤熟。輻射是不通過物質直接傳遞熱能的方法，用肉眼看不見的紅外線會傳遞熱能。太陽能抵達地球或在暖爐旁就能感受到熱氣的現象，也是輻射所致。

梅納反應

基本來說，烤麵包機（toaster）就是烤麵包的機器。「toast」一詞源自拉丁語「toastum」，意思是燒焦。吐司用烤麵包機烤，表面會變得焦黃。看起來很可口，滋味也很好。吐司受熱而變得焦黃是梅納反應（Maillard reaction）所致。梅納反應意指食物在烹飪過程中顏色變成褐色，產生特殊風味的一種化學反應。烤麵包機扮演引起梅納反應的重要角色。

玉米片 cornflakes

陰錯陽差產生的
新食品

⚙ 扁扁的玉米片

英文的 cereal 意指穀物，也用來指稱可倒入牛奶或果汁混食的加工穀物。說到簡便早餐，通常會想起塗果醬的吐司。而玉米片更為簡單，只要盛碗倒入牛奶即可。作為早餐的穀物麥片種類繁多，其中我們熟知的是扁平狀的黃色玉米片（cornflakes），意指以玉米（corn）製成的扁平碎片（flake）。

⚙ 發明玉米片的約翰‧哈維‧家樂是營養學家兼內科醫生

家樂博士經營照顧結核病人的療養院，為病人開發使用穀物的健康飲食。1894年某日，他為數十人備餐而製作麵團，因有急事暫時離開。在此期間，麵團變得硬梆梆的，家樂博士捨不得扔掉於是想用擀麵機做出麵條，但與料想不同，麵團變成扁扁的碎片。他束手無策，只能照樣拿去烘烤，再與牛奶一起端給病人。結果成品美味又好消化，病人的反應出乎意料地好。

家樂博士持續供應這樣的餐食，最終甚至取得專利。陰錯陽差產生的食物造就新型態食品的誕生。家樂博士與弟弟威爾‧基思‧家樂（Will Keith Kellogg，1860～1951）合夥，兩人於1897年開設製作玉米片的公司。最初，玉米片的材料不是玉米，而是小麥。與家樂博士共事的弟弟威爾‧基思‧家樂發現使用玉米製作的薄片更好吃。

⚙ 玉米片的製作過程

玉米粒去皮脫胚後，蒸熟磨碎，粉末乾燥後做成麵團放入機器中輾壓，壓出來的碎片放入烤箱烘烤，即製作完成。

碳水化合物

穀物為人們糧食作物的統稱，包括稻米、大麥、豆類、粟（小米）、黍、高粱、小麥、玉米等。玉米片用玉米、燕麥、大麥和黑麥等穀物製作，所以主要成分是碳水化合物。碳水化合物與脂肪、蛋白質同為三大營養素。植物的果實和根莖大多是碳水化合物，在我們透過飲食吃下的營養素裡占最大宗，也是產生身體能量的主要來源。

▲ 玉米　　　▲ 燕麥　　　▲ 黑麥　　　▲ 小麥

1901年，美國
蘿貝塔·勞森（Roberta C. Lawson，？）、
瑪麗·莫拉倫（Mary Molaren，？）

茶包 teabag

只要泡在熱水就好

⚙ 裝了茶的袋子 —— 茶包

即溶咖啡包與茶包，都是只要倒入熱水就能簡單完成咖啡與茶的便利產品。茶包（teabag）意指裝著茶（tea）的袋子（bag）。小紙袋裡放入茶葉，再浸入水中就能自動泡好茶。茶包問世之前，會直接將茶葉放在茶壺內或用鐵網浸泡。

據說飲茶文化始於西元前2700餘年前的中國，比茶包登場的20世紀還要早得多。關於茶的起源眾說紛紜，其中以神農傳說最有名。神農是醫藥和農事之神，也是中國傳說中的三皇五帝之一。神農因毒草而中毒不適，恰好吃到隨風飄來的茶葉而恢復精神。此後，茶葉被當作藥材廣泛使用。

⚙ 茶包的起源可以追溯到20世紀初

美國的蘿貝塔·勞森與瑪麗·莫拉倫兩位女性在用茶壺煮茶的過程中感到十分不便。由於只想喝一杯的分量，於是用針線織網，做成茶葉過濾網。她們於1901年申請專利，並在1903年登記，但幾乎不為人知。

⚙ 讓茶包更廣為人知的茶葉進口商

居住於紐約的湯瑪斯·蘇利文（Thomas Sullivan）為推廣產品，用鐵盒裝茶葉樣品寄送給顧客。隨著鐵盒價格上漲，蘇利文遂於1904年更換成價格低廉的絲質袋

子。有一天，蘇利文看到獲得樣品的人將絲質袋子浸泡水中的景況。由於不必撈出茶葉，人們使用後的反應良好。

　　1908年，蘇利文以棉紗布代替絲質茶包做成商品販售。後續還有成功發明製作茶包的機器、紙質茶包問世等發展。茶包如今已成為普遍的飲茶方法，占全世界茶市場的90％。

沖泡綠茶不使用沸水的理由

放茶包時，水溫要調整到70至80℃左右。胺基酸是綠茶中產生甘味的成分，在低溫下比較容易泡出來。如果倒入滾燙的開水，營養素會被破壞並增加苦味成分。

放入水中也不會破的茶包袋

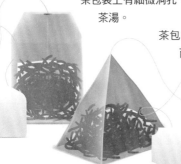

茶包袋上有細微洞孔，水可以穿透，但內容物的茶葉無法外流。水通過時便能泡出茶湯。

茶包袋長時間浸在水裡也不會破，因為其不是用一般的紙製成，而是使用以馬尼拉麻製造的天然紙漿。馬尼拉麻質地柔韌，不易撕裂，放進水裡也不會散開。這種材料也被用來當作製造繩索的原料。由於不會產生灰塵之類的纖維碎片，所以不會在茶中殘留異物。

1907年，美國
休‧摩爾（Hugh Moore，1887～1972）

紙杯 paper cup

兼顧便利與衛生

⚙ 紙杯完全腐化須歷時20年

　　紙的應用範圍無窮無盡。書、習題本、筆記本，處處可見紙的身影。宅配包裹的外箱主要也採用紙製，美化牆面時會在牆上貼壁紙。最近為了環保，更採用紙吸管來取代塑膠吸管。

　　以韓國為例，每年使用的紙杯數量為120億個，需要超過4700萬棵樹作為原料，回收率卻只有不到15％左右。

　　紙杯完全腐化須歷時20年。紙杯雖然方便，但用一次就扔掉，且杯中經塗層處理，難以回收利用，成為環境汙染的罪魁禍首。製造紙杯的原料是樹木，也對自然環境造成不良影響。儘管紙杯是便利生活的劃時代產品，近來仍有逐漸減少使用的趨勢。

⚙ 就讀哈佛大學的休‧摩爾在1907年發明紙杯

　　摩爾的姊夫發明自動販賣機，以此銷售飲用水。自動販賣機使用陶瓷杯或玻璃杯，不僅容易破碎，而且衛生問題連連。原本大受歡迎的自動販賣機人氣消退，姊夫於是向摩爾求助。摩爾想到紙製的杯子摔不破，開始尋找被水浸濕也不會破的紙。最後，他找到塗蠟後被水浸濕也不會破的蠟面紙。但用蠟面紙直接做成紙杯的話，蠟融化可能危害人體。

　　摩爾反覆研究，製造出對人體無害的塗層紙，完成紙杯製作。摩爾將自己製作

的紙杯用於飲用水自動販賣機上。後來，在投資者勸說下，更進一步創立紙杯公司。隨著民間衛生研究單位發表紙杯有益衛生，紙杯也因此開始熱銷。

⚙ 紙杯末端捲起來的理由

紙杯對嘴喝的部分，邊緣捲成圓滑狀。捲的部分是柔軟曲面，可以防止嘴唇割傷的危險情況。由於捲形構造，數個紙杯疊合也能輕易抽取。如果沒有捲的部分，邊緣會變得薄弱，用手拿時會擠壓到紙杯，不容易裝盛飲料。

紙杯不會被水浸濕的理由

製作紙杯的紙是以名為聚乙烯（polyethylene）的物質塗層做成。聚乙烯是製造塑膠的原料，對食品沒有影響，顏色透明，加工容易，使用期限長。聚乙烯在105至110℃會融化，沸水溫度為100℃，所以將熱水倒入紙杯，塗層也不會融化。

1915年，美國
約翰・范沃默（John R Van Wormer，1856～1942）

牛奶盒 carton

不滲漏、不破裂，
魔法般的紙

⚙ 牛奶不會滲漏的牛奶盒祕密

紙盒裝牛奶只要用手打開上方再拉開，兩次動作就可以享用美味的牛奶。牛奶盒採用上方外觀如屋頂般的山形頂盒（gable top）。自從有了牛奶盒之後，無論何時何地都可以輕易打開包裝，飲用牛奶。

神奇的是，液態牛奶放入紙內，牛奶盒竟然不會破裂，牛奶也沒有滲漏。祕訣在於聚乙烯塗層。聚乙烯是有著水無法滲透的特性，用於食品包裝也很安全。

⚙ 人類把牛當家畜飼養，開始喝牛奶

據推測，人類開始飲用牛奶是在西元前8000年前把牛當家畜飼養之後。在推斷為西元前4000多年前的埃及尼羅河畔寺院壁畫中，出現從牛身上擠奶的場面。牛奶在常溫下很快就會變質，保存不易，所以無法普及。液態牛奶普及的時期，正值19世紀工業革命後鐵路興起之際。火車得以迅速運送容易變質的牛奶。1863年，路易・巴斯德（Louis Pasteur，1822～1895）開發出低溫殺菌法，牛奶儲藏方法又更加進步。

⚙ 牛奶盒出現之前，牛奶裝在馬口鐵罐或玻璃瓶販售

玻璃瓶重又易碎。馬口鐵罐和玻璃瓶重新回收使用時，洗滌與衛生問題也浮上

檯面。1906年盛裝牛奶的紙容器首度在美國西部登場，但缺少適當物質作為防止紙浸濕的塗層，以及密封用的黏膠，很快紙容器就消失不見。1915年，美國實業家約翰‧范沃默發明了裝牛奶的紙盒。

紙盒內側以石蠟塗層，防止牛奶滲漏。構造與今日使用的牛奶盒形態類似，上面部分做成屋頂形，打開一邊就能倒出牛奶。1936年，美國機械設備製造公司愛克賽羅（Ex-Cell-O）利用范沃默的專利，製造大量生產牛奶盒的機器。

流通期限與消費期限

韓國的產品流通期限是指從製造日起允許販售消費者的期間，消費期限是正確保存就能食用的期間。牛奶的流通期限為10天至2週左右，消費期限是在未開封且以0至4℃保存的情況下，可食用期達45天左右。

⚙ 利樂包是以三角錐形四面體製成的紙包裝

1951年，由瑞典利樂包裝公司（Tetra Pak）製造利樂包，Tetra 語源是4的意思。當時雖然紙盒問世，但玻璃瓶依然常用。牛奶盒比玻璃更不容易密封，且流通期限短。利樂包可完美密封，延長了流通期限。利樂包是在管狀容器裝滿牛奶後，採中間接合的方式，所以沒有空氣進去的空隙。利樂包從1940年代初期開始開發，直到1951年才開始正式普及。

屋頂形的殺菌包裝 vs 長方形的滅菌包裝

殺菌和滅菌是透過藥品的化學方法，以及利用熱能的物理方法殺死細菌等微生物的過程，殺菌是殺死多數細菌，滅菌是完全殺死細菌。紙盒包裝分為殺菌包裝和滅菌包裝。

殺菌包裝　常見的屋頂形牛奶盒。殺菌包裝是在紙的雙面塗上聚乙烯樹脂製成的紙盒包裝。

滅菌包裝　主要是長方形，將鋁箔加在紙和聚乙烯上。不僅完全消滅內容物的細菌，而且鋁箔阻絕光和氧氣，內容物的保存期間長，常溫下也可以流通銷售。滅菌包裝又叫無菌盒（aseptic carton）包裝。

▲ 殺菌包裝和滅菌包裝

巧克力豆餅乾
chocolate chip cookie

不融巧克力的逆襲

🔧 巧克力融化的巧克力餅乾 vs 嵌入巧克力碎片的巧克力豆餅乾

巧克力豆餅乾上，嵌著甜滋滋的巧克力。究竟巧克力豆餅乾是誰發明的，故事有好幾種版本。其中最廣為人知的是威克非夫人的故事。威克非夫婦在美國麻州經營一間餐廳兼旅館。夫人露絲・威克非製作餅乾販售，原本賣的是將巧克力融在麵糊中做成的巧克力餅乾。

在1930年代某一天，由於巧克力餅乾熱賣，放入麵糊的巧克力都用完了。情急之下，威克非夫人放入從櫥櫃找出的雀巢巧克力棒。她用巧克力碎片取代麵糊用巧克力，投入麵糊後烘烤，她以為巧克力融化散開後，應該會與用巧克力麵糊製作的餅乾差不多。但實際上烤完之後，巧克力卻沒有融化完整地保留。她只能硬著頭皮照賣，但顧客反應極佳，所以就繼續製作。

🔧 最早的巧克力豆餅乾 —— 收費站餅乾

威克非夫人製作的巧克力豆餅乾取名收費站餅乾（Toll House Cookie），因為她的附餐廳旅館名為收費站旅店（Toll House Inn）。威克非夫人將製作巧克力豆餅乾的方法撰寫成書。收費站餅乾廣受好評，後來由食品公司雀巢買下商標權。在製作巧克力豆的巧克力產品上，還載有威克非夫人製作巧克力豆的方法。雀巢另再推出製作巧克力豆餅乾的碎巧

克力，讓巧克力豆餅乾更加普及。

巧克力豆使用的巧克力在烤箱中也不會融化的理由

巧克力的主要成分是可可膏（cacao mass）和可可脂（cacao butter）。可可膏指的是可融化為液體狀態的純可可，可可脂是從可可膏提取的脂質，通常在33至36℃會融化。加入可可脂的巧克力，雖然在常溫下是固體狀態，但入口後會漸漸變軟融化，這是可可脂從固體變成液體的緣故，為融化溫度範圍小而產生的現象。

巧克力裡放不同的材料，融化溫度也不同。用於製作巧克力豆的巧克力，以植物油或奶粉為主要成分，即使在高溫下也不會融化。

可彎吸管

straw

僅改變方向而成的發明

⚙ 可彎吸管大大幫助兒童和病人

可彎吸管由美國的約瑟夫‧傅利曼發明。傅利曼看到年幼的女兒用直吸管喝飲料的模樣，想到吸管有皺褶可彎曲的話，掛在杯子上用起來更方便。可彎吸管在1936年申請專利。雖然可彎吸管是為兒童發明，但也大大幫助了必須臥躺在床的病人。僅僅只是改變吸管方向，就讓使用起來更加方便。

⚙ 吸管的歷史可追溯到西元前 3000 多年

美索不達米亞人曾使用小麥吸管。當時，人們將麥芽浸在罈子裡發酵製成啤酒。罈底有下沉的澱粉，上面浮著渣滓，用吸管便能吸取中間部分的啤酒來喝。吸管的英文是「straw」，意即「麥稈」。

⚙ 今日使用的紙吸管起源與酒有關

現代吸管是19世紀後期在美國菸草工廠工作的馬文‧史東（Marvin Stone，1842～1899）所發明。當時，人們喝酒用的是黑麥稈，因為用手握杯子的話，酒馬上會變得溫溫的。黑麥稈十分堅韌，可用來做帽子。黑麥是黑麥麵包或威士忌的原料，也是可以釀造黑啤酒的植物。但缺點是由於氣味的關係，用黑麥稈喝酒的味道不怎麼好。馬文於是將包菸草的紙捲起來，做成紙吸管。

❀ 塑膠吸管腐化需歷時超過500年

吸管早期是紙製，但隨著石油化學產業的發展變成塑膠製。塑膠吸管在全世界的使用量非常可觀。據推測，美國每天使用5億根左右，韓國每年則使用100億根左右。塑膠吸管腐化需歷時超過500年，廢棄的吸管會破壞環境，威脅動植物的生命。

為了減少塑膠吸管帶來的不良影響，出現各式各樣的替代品。無論是使用紙、米、小麥、竹子、甘蔗等材質的天然材料吸管，或可重複使用的矽膠或玻璃吸管，都有越來越多人使用。

▲ 環保吸管。竹吸管（左）和不鏽鋼吸管

❀ 吸管利用大氣壓力的原理

只要用嘴大力吸，就能用吸管好好喝飲料嗎？並非如此，吸管利用的是大氣壓力的原理。用嘴吸吸管時，吸管裡的空氣減少使得氣壓降低，而吸管外的飲料的氣壓較大，便能順勢將飲料推入吸管裡。

❀ 在太空船裡也可以用吸管喝飲料

如果沒有空氣的壓力，就沒辦法使用吸管嗎？太空船內也有空氣，而且太空船的內部氣壓，調整得與大氣壓力差不多，只是沒有地球的牽引重力，水會飄在空中，但仍然可以用吸管喝飲料。

大氣壓力

圍繞地球的空氣稱為大氣，空氣在空中飄浮，雖然輕盈仍有重量。大氣施加的壓力稱為大氣壓力，1個大氣壓相當於將水柱提升約10.3公尺、將水銀柱提升76公分的壓力。
伽利略‧伽利萊（1564～1642）曾經試圖測定大氣壓力。而透過實驗確認大氣壓力的人，則是義大利科學家埃萬傑利斯塔‧托里切利（1608～1647），他在1643年利用玻璃管和水銀確認了大氣壓力的存在。

微波爐
microwave oven

免開火就能做料理

⚙ 發明微波爐的科學家波西・史賓塞

　　波西・史賓塞在25歲進入開發雷達設備的雷神公司（Raytheon），擔任研究員。有一天，史賓塞試驗產生微波的磁控管（magnetron）設備。正好口袋裡放了糖果，實驗結束都融化了。由於周圍沒有可以融化糖果的熱能，所以史賓塞認為與磁控管有關。於是他把玉米放進去再次實驗，玉米像爆米花一樣膨起。史賓塞確信微波可以加熱食物，經過反覆研究，終於在1945年申請微波爐專利。

　　1946年，微波爐首次上市，高167公分，重340公斤，名字是「雷達爐」（Radarange）。由於體積龐大，價格昂貴，所以主要用於餐廳或航空公司等大量烹調飲食的地方。1952年，家庭用微波爐推出。如今日可置於廚房流理台上的小型微波爐，則是在1967年公開亮相。家電業界在製造微波爐的同時，開始使用「microwave oven」之名，意思是使用微波的烹飪器具。

⚙ 微波爐利用所謂微波的電磁波

　　微波每秒改變10億至300億次方向。其中，微波爐使用每秒振動24億5000萬次的微波（2.45GHz）。微波會觸碰食物中的水分子，水分子相互摩擦，溫度上升讓食物變熟。不僅外裡均勻熟熱，還可快速烹飪。由於只是對水分子作用，所以不會破壞營養素。

✿ 不可放入微波爐的東西

　　微波能夠通過食物，但無法通過金屬。如果把食物放進金屬容器裡，食物沒辦法正常加熱。微波聚集在金屬上，還會引發火花，增加發生火災的危險性。

　　鋁箔紙也切勿使用微波爐。

　　放入水煮蛋的話，可能發生蛋黃過熱而爆炸的現象。

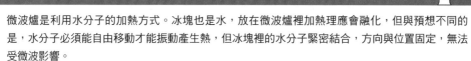

微波爐裡冰塊不融化

微波爐是利用水分子的加熱方式。冰塊也是水，放在微波爐裡加熱理應會融化，但與預想不同的是，水分子必須能自由移動才能振動產生熱，但冰塊裡的水分子緊密結合，方向與位置固定，無法受微波影響。

電鍋
electric rice cooker

一鍋解決
煮飯的辛勞

⚙ 從鍋子煮飯到即食飯，米飯依舊是我們的主食

即使現代飲食生活西式化，每天還是會有一、兩餐少不了飯。現在煮飯非常方便，將米洗好後放入電鍋，再按個鈕就完成了。如果飯煮多了，還可以放在電鍋保溫。要是懶得做飯，只要買即食飯放入微波爐加熱，就能吃到與電鍋煮的飯差不多的米飯。

電鍋出現之前，人們用鍋子煮米飯。1960年代以前的韓國會使用鐵鍋，用鐵鍋煮飯時，依水量、火候、加熱時間不同，煮出來的米飯狀態也不一樣。有時半生不熟，有時煮得太硬，或是只有底部的米有熟等狀況，要煮好飯並不容易，煮飯的技術變得非常重要。電鍋問世之後，任誰都能煮出一手好飯。

即食飯（無菌包裝米飯）

做飯越來越方便。現今有人嫌電鍋麻煩而不用，直接買即食飯來吃。裝入小型塑膠容器的即食飯，只要用微波爐或熱水加熱即可，無論在家中或戶外都方便食用。雖然從很久以前就有使用米飯的簡便食品，但內裝剛煮好米飯的即食飯，憑著無菌包裝米飯的名號，開啟了不同於以往的新市場。無菌狀態包裝的即食飯，不用冷凍也能長時間保存，1988年在日本首度問世，並在1996年於韓國推出。

⚙ 電鍋最初由日本開發

1937年中日戰爭期間，在戰場上備餐時，煮飯的方式是將米與水放入四方形木桶中，再插上連接電線的陽極棒加熱。1940年代，三菱曾經製造以架地板加熱器來加熱鍋子的電鍋。採取的方式只是單純加熱，所以需要有人看著，直到米飯煮好。

　　1955年，經營小工廠的三並義忠開發出按開關就能煮好飯的電鍋。這是現代電鍋的開端，由東芝公司推出上市後取得巨大成功。1970年代則出現了具保溫功能的電鍋。當時日本的電鍋技術完成度高，韓國人去日本旅行時，也很流行買日本電鍋回國。1992年，韓國推出結合電鍋與壓力鍋的產品。

鐵鍋和壓力鍋的原理

鐵鍋　鐵鍋蓋占整個鍋的1/3，所以很重。沉甸甸的鍋蓋擋在上面，水蒸氣無不容易散出。在水蒸氣充滿鍋中的狀態下，水的沸點升高，能達到100℃以上。由於溫度高可以順利煮熟米飯。飯要熟透，壓力必須高於大氣壓力（1個大氣壓）。

壓力鍋　利用的是鐵鍋的原理。壓力鍋的鍋蓋密封度高，煮飯的時候鍋內的壓力比大氣壓力更高。壓力持續升高可能引發危險，所以設有水蒸氣排出的孔洞。煮飯過程中為調節壓力，鍋內的水蒸氣會向外排出，同時發出滋滋聲。如今也有電子壓力鍋產品。

鐵鍋

壓力鍋

電鍋裡飯不會壞的理由

電鍋保溫的溫度達65℃。在此溫度下，使食物腐敗的細菌無法生存。
讓食物腐敗的細菌要能繁殖，溫度、濕度、養分三項條件都要符合。溫度為20至40℃；有水分的時候，細菌的繁殖會更加活躍。因此在炎熱潮濕的夏天，更容易發生食物變質腐敗的情況。

1958年，日本
安藤百福（Ando Momofuku，1910～2007）

泡麵 instant noodles

沒有米飯也吃飽的第二主食

大阪杯麵　　橫濱杯麵
博物館　　　博物館

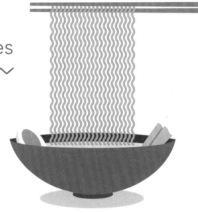

⚙ 韓國泡麵消費量居世界首位

　　韓國每人每年平均吃下75份泡麵。以國家整體來看，年度總計35億份，說泡麵已經成為主食也不為過。泡麵不只在韓國受歡迎，全球泡麵的年銷量超過1000億份。泡麵的起源大概是中國人以往吃的拉麵。據說，1870年代中國人進入日本後讓拉麵在日本變得普及。

⚙ 麵條油炸後晾乾，可以長久保存

　　泡麵是1958年由發明家安藤百福開發。安藤百福曾是日清食品社長，第二次世界大戰結束後，他在路邊攤看到大排長龍等著吃拉麵的人們，於是想製作出免排隊就吃得到的拉麵。當時，日本美軍的援助物資有很多麵粉，為了解決糧食不足的問題，鼓勵善用麵粉製作食物。安藤百福看到妻子在家炸天婦羅時，麵粉中的水分迅速流失的現象，於是認為將麵條炸好後晾乾可以長時間保存，再放入熱水中，又會恢復到原來的狀態，所以開始研究泡麵。原理是油炸時水分流失出現小孔，再經過沸水煮時水會進入孔中，把麵煮熟。

　　1958年，日清食品首次推出雞汁泡麵。一開始採取將調味料淋在麵上的形式，但這樣的話，隨著時間容易變質，所以變成湯料單獨包裝的方式。

　　販賣期限長是泡麵的優點之一，泡麵也因此成為緊急儲糧的代名詞。一般販賣期限是6個月，湯料是12個月。泡麵的水分含量在10%以下，使食物腐壞的微生

物難以生存。包裝紙可以隔絕光線與氧氣滲入，讓泡麵不會變質。

◉ 杯麵包裝下窄上寬的理由

比速食麵更方便食用的杯麵，也是由安藤百福發明製作（1971）。仔細看杯麵會發現杯形下窄上寬。這樣的構造下，麵條會卡在中間，讓上下能同時接觸熱水煮好麵條。

◉ 泡麵彎彎曲曲的理由

泡麵的麵條接起來全長大約是50至60公尺。麵條要彎彎曲曲的，才能全部裝入小袋子，麵條在袋中破碎的風險也會降低。麵條之間如有空隙，泡麵的時候，水分更容易滲透，湯料也能順利入味。泡好之後也能更好用筷子夾麵。

◉ 杯麵比袋裝泡麵更快熟的原因

杯麵沒有特別的調理過程，只要倒上熱水就能煮熟。調理時間也短，僅3至4分鐘左右。杯麵麵條細，麵條之間的空隙大所以熟得快。韓國杯麵的材料也與使用麵粉的一般泡麵麵條不同，主要使用澱粉，而澱粉比麵粉更快熟透。

泡麵煮滾時發生的暴沸現象

究竟湯料要在水滾之前還是之後加到麵中，每個人的意見都不一樣。在滾水中放入湯料的話，水會突然冒泡沸騰，稱為是暴沸現象（bumping），這時的液體到了沸點沒有滾沸，異物加入會突然沸騰濺起內容物。通常，水在100℃沸騰，但蓋上蓋子，用大火快速煮沸時，鍋內水溫會超過100℃。此時，異物湯料放進來的話，狀態會突然變得不穩定，導致水開始沸騰。

罐裝拉環 & 瓶蓋
pull-tap opener & bottle cap

打開比蓋上更重要

▼ 外掀式拉環

▼ 內嵌式拉環

⚙ 成功密封又容易打開的技術

　　兩種相反的特性常常難以並存。想做好一方面，就得放棄另一面，這就是所謂的「矛盾」。一是任何東西都能刺穿的矛，一是任何東西都能抵擋的盾，要同時使用兩者，結果不可言明。罐裝也是類似的情形。想要好好保存、避免腐壞就必須密封；想要方便食用，罐蓋就必須容易打開。封得密實會不好開，容易打開就封不密，這真是一道難題。幸好，現今技術發達，罐裝食品得以成功密封又容易打開。

⚙ 切面鋒利的外掀式拉環 & 罐蓋部分往內翻的內嵌式拉環

　　罐裝飲料和罐頭可以長時間保存裡面的食物，但不容易打開。飲料要用開罐器在一端打洞，或者兩處打洞讓空氣流通。初期的罐頭還得用工具切掉罐蓋。雖然後來開罐器問世，但還是不方便。

　　方便好開的罐蓋是1959年由美國工程師厄爾默・弗萊茲發明。弗萊茲曾經攜帶一堆罐裝飲料出門，卻沒有帶開罐器。最後，他用汽車保險槓的尖銳部分，費力開孔才能飲用。經歷這次的不方便，他靈機一動，想到汽車引擎蓋開關的樣子，希望罐裝食品也可以像引擎蓋一樣輕易打開。

弗萊茲按照罐頭上方洞孔的形狀劃線，然後固定上能夠提起該部位的拉環。拉環發揮槓桿作用，劃線的部位跟著提起來，形成孔洞。這種開罐方法稱為外掀式拉環（pull-tap）。弗萊茲的發明被鋁製品公司美國鋁業（Alcoa）收購，製成產品。一家啤酒公司將該方法應用到自家產品，大受歡迎。雖然外掀式拉環使用便利，但切面鋒利，飲用時容易弄傷嘴巴周圍，而且取下的金屬殘片不好處理。

1977年，弗萊茲開發出新方法，就是罐蓋部分往內翻的內嵌式拉環（pop-top）。內嵌式拉環至今仍是打開罐裝的主要使用方式。

⚙ 瓶蓋有21個鋸齒的理由

碳酸飲料瓶保存不易，瓶蓋密合的程度也會大大影響飲料狀態。蓋得太鬆的話，氣體散出會變得淡而無味；蓋太緊的話，瓶內壓力太大可能會讓瓶子破掉。

機械技士威廉・潘特喝下漏氣的碳酸飲料拉肚子之後，下定決心開發瓶蓋。在5年期間，他製作的瓶蓋達3000個，終於在1892年完成如王冠般的瓶蓋。這款瓶蓋不僅適合保存碳酸飲料，脫蓋時還會發出輕快的砰聲，很受歡迎。瓶蓋的鋸齒有21個，少於21個會讓氣體流失，太多的則有瓶子破掉之虞。

▲ 瓶蓋

槓桿原理

罐裝拉環、瓶蓋或蹺蹺板，都是利用槓桿原理。槓桿是一種工具，在支點上放橫桿，一側放物體，另一側施力，就能用較小的力氣抬起物體。生活中到處都有利用槓桿原理的工具，拉開罐裝拉環時的手指、瓶蓋的開瓶器等都發揮槓桿的作用。用湯匙等取代手指作為槓桿，能更省力地打開拉環。

即溶咖啡包
instant coffee sticks

味道與速度同步

韓國人生活中不可或缺的咖啡

每個國家都有像水一樣普及的飲料。中國人喝茶，美國人喜歡喝汽水。歐洲水質不佳，常喝葡萄酒或啤酒。韓國人以喝水為主，但不知從何時起，咖啡普及成為國民飲料，人們飯後一杯咖啡，或是一天喝上好幾杯咖啡。街上賣咖啡的地方觸目皆是，幾乎找不到沒有咖啡專賣店的地方。人們在家裡也直接手沖、用機器沖煮咖啡喝，或者直接沖泡即溶咖啡。

即溶咖啡包由韓國東西食品所開發

顧名思義，即溶咖啡包（coffee mix）將多種材料混合於一包。咖啡、糖、奶精等材料，皆以一定的適當比例調製。只要撕開咖啡包再加入熱水，就能輕鬆地喝到咖啡。即溶咖啡包是1976年由韓國東西食品所開發。

1771年就有直接溶在水中喝的即溶咖啡

1771年，「溶在水中的咖啡」於英國問世，且以「咖啡混合物」的名義取得專利。但由於香氣不佳，保存期限短，產品並未廣泛流傳。

1853年，在美國南北戰爭發生之前，蛋糕形態的即溶咖啡問世，以實驗性質推廣給軍人。

1901年，美國芝加哥的日本化學家加藤博士（Satori Kato）開發出即溶咖啡，因為不好喝，當時並未普及。

1909年，比利時出身的美國發明家喬治‧華盛頓（George Washington，1871～1946）發明了大量生產即溶咖啡的方法。歷經第一次世界大戰和韓戰，即溶咖啡備受軍人喜愛，且傳遍全世界。三合一即溶咖啡包產品，彌補了原有即溶咖啡以苦味為主的缺點，且受到韓國特有的一切求快文化影響，即溶咖啡包將準備咖啡的多重步驟合而為一，只要單一步驟就能便利飲用。

即溶咖啡包裝好撕開的理由

長棍形即溶咖啡包裝的上方部分很容易撕開，使用起來很方便。即溶咖啡包裝由五層不同材質製成，雖然袋面堅韌，但五層的最頂處已用雷射做微型打孔，所以上方部分很容易撕開。

一般即溶咖啡包與即溶冰咖啡包的奶精不同

即溶咖啡包在冷水中不易溶解，另外也有即溶冰咖啡包類型的產品。即溶冰咖啡包的顆粒做得比較小，奶精使用葵花油，以便在冷水中溶解。

葵花油的熔點低，在冷水中也很容易溶解。一般即溶咖啡包的奶精會放椰子油，椰子油的熔點在25℃以上，所以必須使用熱水沖泡。

美味的發明與發現

⚙ 高山上米飯煮不熟

在野外或用電困難的地方，通常使用一般鍋子。高處的氣壓下降，沸點也隨之降低。即使水滾了溫度也不夠高，導致米煮不熟。必須用石頭壓在鍋蓋上，讓水蒸氣不容易散出，鍋子內部氣壓升高才能確實把飯煮熟。由於烹飪時間長，切勿經常掀開鍋蓋，避免水蒸氣散出。

⚙ 牛奶不用罐裝

飲料經常用鋁罐裝，但牛奶不適用。金屬罐傳熱良好，牛奶容易因此而變質。牛奶的礦物質成分遇到金屬成分也可能產生異物。金屬罐適合長期保存，但牛奶的保存期限短，沒有必要使用成本較高的金屬罐來盛裝。

⚙ 凹底鋁罐的接觸面積變大，可承受高壓

碳酸飲料通常以鋁製罐裝。飲用碳酸飲料時，口中散開的刺麻感來自於溶解在飲料中的二氧化碳。飲料可透過加壓將二氧化碳溶解其中，二氧化碳氣體使罐內形成高壓。將罐底做成凹面，容器的接觸面積變大便可承受高壓。這是運用拱形（arche）原理，拱成圓弧形可以承受重量。罐底做成平面的話，受壓力影響會鼓起突出。

◎ 洋芋片凹形的祕密

品客（Pringles）洋芋片的形狀有如馬鞍，並且將洋芋片整整齊齊疊在圓柱筒裡。用這樣的方法包裝，洋芋片不會碎裂，又能放比較多。洋芋片大多使用袋裝，注入氮氣而膨得鼓鼓的。袋內洋芋片放多了會破碎，放少了內容量不足。馬鞍狀為拱形彎曲，是減少相互衝擊的結構，又可以整整齊齊疊起來占較少空間。馬鞍狀也符合嘴形，吃起來很方便。

◎ 讓冰淇淋保持美味的乾冰

乾冰是壓縮冷卻二氧化碳製成。乾冰以零下78.5℃為界，從固體變成氣體，或者相反。變成氣體時會吸收周圍的熱量，降低溫度。由於未歷經變成液體的過程，所以包裝材料不會濕掉，最適合用於搬運冰淇淋等必須維持冷藏狀態的產品。乾冰的溫度低，切勿用手直接觸摸。

◎ 同時享受兩種口味的花生果醬三明治

美國人喜歡吃花生果醬三明治。吐司一面塗上花生醬，另一面塗上果醬，合起來做成花生果醬三明治，實現了想要同時享受兩種口味的慾望，可說是從生活中誕生的發明。為了省下塗抹兩次的工夫，甚至有花生醬與果醬同裝一罐的產品推出。

3000多年前，古代阿茲特克和印加人把花生磨細，做成花生糊食用。現代式的花生醬則在1800年代後期登場，1884年加拿大化學家馬塞勒斯・吉爾摩・埃德森（Marcellus Gilmore Edson，1849〜1940）申請花生醬專利。1895年，約翰・哈維・家樂（John Harvey Kellogg，1852〜1943）博士也申請有關花生醬製造過程的專利。喬治・華盛頓・卡弗（George Washington Carver，1864〜1943）博士被譽為「花生博士」，他用花生創造了逾300種發明。

第2章

更精巧、更有用

有的東西看起來微不足道，其實重要性不可或缺。眉毛只占了們身體很
小的部分，存在感微弱到幾乎不知其存在，但眉毛卻身負相當重要的工
作。眉毛能阻擋陽光，避免陽光刺眼，還能防止汗水流入眼睛。指甲會
一直長出來，必須定期修剪。而且不好好清洗的話，指甲下方還會藏汙
納垢，很不雅觀。像這樣有時覺得麻煩的指甲，其實也是必要的存在。
指甲能保護指尖，避免皮膚擠壓，手指用力時還有支撐的作用。如果沒
有指甲或眉毛，我們的生活會變得十分不方便。

可輕鬆點亮的燈泡發明之後，晚上也能像白天
一樣活動。有拉鍊的衣服既好穿又方便。拜電
視遙控器之賜，不用起身遠遠地就能轉台，十
分便利。想要黏貼東西時，有了透明膠帶就能
輕鬆完成。手電筒、手機、電子錶、數位相機
即使沒有電線連接插座也能隨身攜帶。若是沒
有電池，要將這些用品帶著走是連做夢都不敢
想的事。

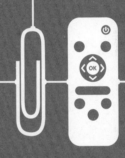

橡皮擦 eraser

寫錯也不用擔心！

在橡膠樹上割劃，取得乳膠（生橡膠原料）。

⚙ 從麵包到橡皮 —— 橡皮擦的發展

　　橡膠是以生橡膠製成，而生橡膠是由橡膠樹皮分泌的液體，經過凝固等製成而得。由於橡膠很堅實，對於電、水、瓦斯等具有耐穿透性，所以經常用來作為生活用品的原料。1770年，化學家約瑟夫・普里斯多特利發現了橡膠團可以擦掉鉛筆痕，他見到此一現象，遂用「搓擦」（rub）一詞，將橡膠命名為「rubber」。

　　同年，英國工程師愛德華・納爾恩（Edward Nairne，1726～1806）偶然用生橡膠做的球搓擦鉛筆寫的字，發現字跡能被擦掉，而在此之前人們是用麵包去除字跡。於是納爾恩發明了以生橡膠做成橡皮擦。然而生橡膠橡皮擦在高溫時會變得軟黏，低溫時則會硬化，使用起來不甚方便。

　　美國發明家查爾斯・固特異（Charles Goodyear，1800～1860）發明了免除這些缺點的橡膠橡皮擦。1839年，他在做實驗時，不小心將橡膠與硫磺混合的物質接觸

熱爐，不過橡膠卻沒有融化。固特異從而製造出受溫度變化影響較小的橡膠橡皮擦。

附橡皮擦的鉛筆

居住於美國，以當畫家為志的海門・利普曼（Hymen Lipman，1817～1893）開發出帶有鉛筆的橡皮擦。為了不弄丟橡皮擦，他穿線將橡皮擦繫在鉛筆上。不過利普曼覺得橡皮擦晃來晃去，很不方便，所以在1858年將橡皮擦放到鉛筆一端的筆芯部分，取得鉛筆專利。帶有橡皮擦的鉛筆，後來發展成用鐵片將橡皮擦嵌至鉛筆上的形態。

現今所使用的橡皮擦是塑膠橡皮擦。塑膠橡皮擦由日本文具公司 SEED 於1956年首度製造。原本橡皮擦用天然橡膠製作，後來太平洋戰爭（1941～1945）爆發，導致橡膠無法進口。SEED公司在尋找類似材料的過程中，利用聚氯乙烯（PVC，一種塑膠）成功製造出橡皮擦。

原子筆橡皮擦、修正液和修正帶

要消除原子筆字跡時，用的不是橡膠，而是修正液。這項文具產品，就是我們常稱的立可白。

修正液是由在銀行擔任祕書的貝特・奈史密斯・格萊姆（1924～1980）製作發明。格萊姆使用打字機時經常打錯字，不過打字的字跡用橡皮擦也擦不掉。同時也是名畫家的格萊姆，在1951年用白色顏料和紙色染料混製成修正液。她將修正液裝在小瓶子裡偷偷使用。原本只是為了自己使用，但隨著口耳相傳，實用好處廣為人知，格萊姆乾脆成立公司，取得產品專利。在1970年代中期，每年銷售2500萬個，成為人氣商品。

1989年由日本 SEED 公司開發的修正帶，彌補了修正液的不便之處。像貼膠帶一樣貼在字跡上，簡單就能達到去除的效果。

橡膠擦掉字跡的原理

橡膠表面容易黏附各種物質。用鉛筆寫的字跡是鉛筆芯上的石墨附著紙上的痕跡。石墨粉黏到橡膠上，就能從紙上分離擦去。原因在於，橡膠對石墨粒子的吸附力比紙更強。

從橡皮擦到飛機，影響重大的橡膠硫化法

查爾斯・固特異將摻有硫磺的橡膠接觸到熱爐的偶然事件，導致橡膠產業發生巨大變化。加入硫磺來提高橡膠彈性的方法，稱為硫化法。在天然橡膠中摻入硫磺再加熱，分子之間產生交聯，就能產生堅實的橡膠。由於固特異的發明，開始出現各種橡膠產品，輪胎也是其中之一，這對自行車、汽車、飛機等交通工具的發展產生特別重大的影響。

火柴 match

簡易取火的方法

火柴原理的發現

很久以前，人們會利用雷打在樹上著起的火，或者點燃之後繼續保存火種，取火時小心翼翼，也會注意不讓火熄滅。火柴是在木頭末端黏上紅色固體塊，刮一下粗糙磨砂面就能點燃。這個在任何地方都可以簡單起火的方法，從此掀起革命。

火柴的起源可追溯到1669年，德國煉金術士亨尼格・布蘭德（Hennig Brand）發現自燃物質——磷。布蘭德曾經嘗試多種以銀換金的方法，在尿液實驗的過程中發現了磷。磷是非常容易著火的危險物質，在當時要使用並不容易。

英國科學家羅伯特・波以耳（Robert Boyle，1627～1691）研究出用磷在貼有硫的木片上點火的方法，從此發現火柴的原理。

首度發明現代火柴的藥劑師

藥劑師約翰・沃克經常做化學實驗。有很多工作需要用到火，但在當時要起火非常不方便。他在研究起火方法時，用膠水融和硫化銻與阿拉伯膠，然後塗在布上。某一天，那塊布放在爐子附近時自然著火。

1826年，沃克在木籤末端抹上之前塗在布上的物質，做成火柴。他將玻璃粉和矽藻土塗在紙上，再把塗上化學物質的木籤放到紙的中間，以摩擦生熱的方式點火。

1833年，德國推出一款火柴，即使沒有塗玻璃粉和矽藻土的紙，不管任何地

方，只要接觸摩擦就能點火。初期火柴發生過未經摩擦就自燃的情況，比較危險，而且火柴使用的物質毒性很強。進入1840年代，不會自燃的安全火柴登場，一直延續至今。

韓國的舟橋火柴村博物館

這是在原火柴工廠朝鮮燐寸株式會社所在地設立的博物館。朝鮮燐寸株式會社1917年成立於仁川，是韓國最早的火柴工廠。木材是火柴的材料，仁川屬於容易引進木材的地區，所以適合成立火柴工廠。公司名稱中的「燐寸」意指鬼火。博物館內展示火柴的歷史、製作過程、引進火柴後的生活變化等參考資料。

（地址）韓國仁川東區金谷路19

⚙ 韓國在 1880 年由開化僧李東仁從日本帶來火柴

朝鮮時代也有類似火柴的東西，就是在松樹枝上塗硫磺後晾得乾硬的「石硫磺」（韓文發音：seok-ryu-hwang）。與火柴不同的是，石硫磺必須要有火才能點著。硫磺唸得快，自然變成韓文的「火柴」（韓文發音：seong-nyang）。雖然起火方式不同，但火柴的名稱由此形成。

火柴點火的原理

火柴頭上黏有硫磺，火柴盒摩擦面塗上了磷。硫磺的燃點比木頭低，所以容易著火。硫磺的燃點為190℃，木頭則超過400℃。若將火柴在摩擦面上磨擦，附著摩擦面上的紅磷成分會與火柴頭上的氯酸鉀結合，摩擦生熱進而點著火。然後隨著硫磺作用，火花會變大。

燃點和閃點

燃點　某種物質開始燃燒的溫度，意指在沒有火種的協助下，物質溫度上升，開始著火的溫度。
閃點　憑著火花點燃的最低溫度。

安全別針
safety pin

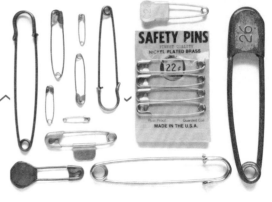

不會扎到的安全別針

稱為安全別針的理由

針、別針、錐子、圖釘、注射針等尖銳物，必須裝在盒子裡或將尖銳部分蓋起來才不會被扎到。安全別針的末端雖然很尖，但主體附有可蓋住尖端的部分，可以安全使用。尖針末端不會扎到人，所以又稱為安全別針。

別針由發明家沃爾特・杭特製作而成

杭特一直為手頭吃緊而煩惱，不知何時欠了友人15美元。被催促還錢的杭特，決定用發明物賺錢償還。他在書桌前細細思索，又摸了摸鐵絲，腦中浮出別針的靈感。當時的別針是一字型，他做了改良，將別針彎折且附上針扣，以便安全插入。與一字型別針不同的是，新款別針擁有別上之後就不會移動或掉落的優點。

1849 年，杭特獲得別針的專利。他以400美元的價格將專利賣給葛雷斯公司（W.R. Grace & Co.），同時也還清了欠友人的15美元。後來別針大受歡迎，購買杭特專利的公司因此賺了數百萬美元。

別針的結構和彈性

別針由針扣和彈簧組成。別針末端部分是繞一圈的簡單彈簧結構。彈簧有彈性。彈性具有施力後形狀會發生變化，而放掉力氣後會恢復原狀的性質。若將別針

的尖部向針扣方向按壓，彈簧部分會彎曲，同時尖部卡入針扣。尖部取出的話，隨著彈性，別針又會重新回到原來的位置。

扣針

古希臘服裝的穿法是圍著長布或以肩膀為中心前後掛穿。固定肩膀部位時會使用扣針（fibula）。扣針可說是飾品或別針的一種。

終生埋首發明、申請無數專利的沃爾特・杭特

商用縫紉機和可連環發射的步槍都是杭特廣為人知的發明。他在街上看到小孩撞到馬車的事故，後來開發出用腳踩就能敲鑼發出響聲的馬車用警告裝置。此外，他也在可攜式磨刀器、繩索製造機、功能改良鋼筆、高效率油燈等眾多領域推出發明。

別針和靜電

在乾燥的冬天，摩擦時容易產生靜電。摸頭時、棉被掠過背部時、穿脫衣服時感到刺痛等都是由於有靜電產生。如果在棉被或衣服邊緣插上2至3個別針或迴紋針，便能發揮放電的通路作用，使靜電減少。

牛仔褲
blue jeans

用多餘帳篷製作的
地球人制服

⚙ 全世界人的制服 —— 牛仔褲

　　不分年齡、性別、生活地區、財力、季節，許多人都喜歡穿牛仔褲。牛仔褲被
稱為平等的服裝，可說是全世界人的制服。由於牛仔褲象徵平等與自由，所以過去
共產主義蘇聯不允許牛仔褲進口。牛仔褲的風行，也讓它被認為破壞各國固有文化
而遭受批評。

⚙ 製作牛仔褲的李維・史特勞斯

　　德國出生的史特勞斯移民到了美國紐約。1850 年代前後，美國加州、特別是
舊金山出現淘金熱。淘金熱是指發現黃金後許多人蜂擁而至的現象。為了向礦工銷
售帳篷，史特勞斯也去了舊金山。有一天，他收到訂購 10 萬個大型帳篷的訂單，

一股勁地準備材料，但訂購人卻無故取消。煩惱著如何處理布料的史特勞斯，看到礦工們在縫補破褲子的景況，於是他認為，如果用堅韌的帳篷布製作褲子，就能減少縫補的工作，於是他運用多餘的帳篷布製作褲子，並且受到極度歡迎。

20年後，在內華達經營西服店的雅各‧戴維斯（Jacob Davis，1831～1908）向史特勞斯提議，如果在褲子口袋打上銅鉚釘，礦工們工作的時候口袋不會裂開，穿起來更合適。史特勞斯欣然接受提議。史特勞斯覺得褐色布易髒，所以將顏色改染成藍色。就這樣，牛仔褲誕生了。李維‧史特勞斯製作的牛仔褲，就是著名的 LEVI'S。起初，牛仔褲是工人主要穿著的服裝。第一次世界大戰時受到軍人的喜愛。進入1950年代，貓王艾維斯‧普里斯萊（Elvis Presley）和詹姆斯‧迪恩（James Dean）等當紅明星穿上牛仔褲，使之成為廣受喜愛的服裝。

史蒂夫‧賈伯斯與牛仔褲

蘋果聯合創始人之一的史蒂夫‧賈伯斯（1955～2011）是21世紀尖端 IT 時代的代表人物。他從1998年起，堅持穿著牛仔褲、高領衫和運動鞋。這套服裝就像賈伯斯的象徵一樣，被稱為「賈伯斯穿搭」。賈伯斯穿得很舒服，著衣也不太需要時間，所以一直保持同樣的風格。《賈伯斯傳》中提及賈伯斯穿相同衣服的背景。賈伯斯在訪問日本公司時，他親眼目睹制服文化，打算也在蘋果引進制服。但蘋果職員們沒有響應，所以他構思屬於自己的制服，開始在牛仔褲上穿起高領衫。據說，賈伯斯的衣櫃裡有超過100套相同的衣服。

牛仔褲前方口袋附上小口袋的用途

褲子的前方口袋附有一個小口袋。在手錶問世之前，人們必須隨身攜帶懷錶。為了在工作時也能看時間，所以在牛仔褲上製作放置懷錶的口袋。

牛仔褲以不洗為原則

為了避免變色或變形，牛仔褲基本上不會洗。有研究顯示，不管是穿幾天還幾個月，髒汙程度其實差不多。如果還是想清潔，放在陽光下曬或噴除臭劑即可。

迴紋針 & 釘書機
clip & stapler

非釘不可

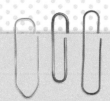

⚙ 將多張紙集合為一的迴紋針和釘書機

雖然數位時代來臨，紙張使用量減少，但紙並未完全消失。將多張紙集合為一的方法有很多種：用膠水黏貼、插上迴紋針、用釘書機釘、或者用夾子夾。

各種方法中，以迴紋針和釘書機最常使用。迴紋針可在不損壞紙張的情況下固定，釘書機則是用打孔釘合的方法。雖然重新拔出來很麻煩，但如果目的只是要固定紙張，比起迴紋針，釘書機可以把多張紙固定得更牢。

⚙ 迴紋針

1867年，為了在衣服上貼商標，薩繆爾・費伊製作出迴紋針。不同於現今市面上的迴紋針，當時只是以鐵絲交叉彎曲的簡單形狀。

後來，眾多發明家發明了各式各樣的迴紋針。我們熟知的雙橢圓形重疊形狀迴紋針是由英國公司 Gem Manufacturing 設計。此後，美國企業家威廉・米德爾布魯克（William Middlebrook，1846～1914）在1899年發明了生產 Gem Manufacturing 製迴紋針的機器，開始大量製造。

迴紋針只是小鐵片，但形狀非常多樣。19世紀前後，迴紋針發明如火如荼，當時出現了數十種形狀。這也展現了一項事實，小小的發明也能融入許多創意，透過各種變形而得以發展。

釘書針（staple）意指呈ㄇ字形的鐵絲針。用以固定插座之類線路的ㄇ字形釘、手術後的皮膚縫合釘，同樣也是 staple。釘書機（stapler 或 hotchkiss）意指使用釘書針裝訂文件的工具。日本及韓國也會直接稱釘書機為 hotchkiss，此名稱源自釘書機的美國製造商 Hotchkiss 的商標名。

皮膚釘書機（皮膚縫合器）▶

❀ 釘書機

釘書機的歷史久遠。18世紀的法國，曾為路易十五製造釘書機。

1866年，美國的喬治‧麥吉爾發明用黃銅製作的裝訂機器，亦即現代式釘書機的初始，原理也與今日的釘書機相似。

歷經19世紀和20世紀，各式各樣的釘書機產品問世。今日釘書機的原型，是於1937年由美國公司 Swingline 申請專利的產品。Swingline 所製造的釘書機形態一直延續至今。

喬治‧麥吉爾的釘書機。於1879年2月18日獲得專利 ©Mikebartnz ▶

乾電池 battery

享受無線的自由

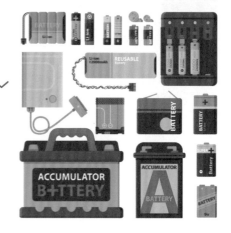

⚙ 最初獲得正式認證的電池是伏打電池

智慧型手機、手錶、MP3播放器、數位相機、遙控器等電動產品運作都必須用電池。沒有電池的話就得要有電線。想像一下，為了使用可攜式電子產品而在路上插電使用的模樣，要是這樣，街上會變得到處都是插座。

1800年，亞歷山卓・伏打（Alessandro Volta，1745～1827）發明了電池。伏打電池是將鋅板和銀板疊合，中間夾入用鹼水浸濕的紙，再將電線連至兩側板上。伏打電池並非我們現今所謂的乾電池，而是使用濕紙的濕電池。

乾電池的原型是1868年法國科學家喬治・勒克朗社發明。雖然是濕式，但成為今日乾電池基本結構的基礎。

德國科學家卡爾・加斯納（Carl Gassner，1855～1942）將勒克朗社的電池加以改良，於1886年製造出乾電池。電池內含固體而非液體，所以稱為乾電池。

⚙ 一次電池和二次電池

一次電池是使用一次就扔掉的電池。二次電池意指充電後可以使用多次的電池。智慧型手機內的電池是可持續充電使用的二次電池。

⚙ 乾電池規格

　乾電池有多種規格，我們熟悉的是美國標準。常用的圓柱形乾電池使用 A 字表示。
AA 是最常使用的乾電池，長度稍微超過 5 公分。AAA 比 AA 小一點，主要用於遙控
器，長度為 44.5 公釐。還有 AAAA，平常幾乎用不到。相同字母意思是使用相同電
壓。此外，與 AA 相似的乾電池，還有較粗的 C 型和 D 型。矩形 9V 乾電池被稱為
6F22 或 FC‑1。

始於青蛙的乾電池歷史

伏打製作電池時，曾受到路易吉・伽伐尼（Luigi Galvani，1737～1798）的青蛙實驗影響。義
大利波隆那大學教授伽伐尼在 1786 年進行實驗時，看到金屬碰觸青蛙後腿時，後腿肌肉會動的現
象。他認為這與電有關，認為是在動物身上製造出電。伏打對
相同現象的看法不同，判斷這是金屬之間產生的電順著動物的
身體在流動。

鋰離子電池

包括智慧型手機在內的可攜式電子設備，大部分都裝有鋰離子電池。鋰離
子電池利用鋰物質產生電能，只要充電後即可使用，相當簡便。

塑膠
plastic

能製造出任何東西的
奇蹟物質

⚙ 塑膠的意思是任何東西都能製作

　　塑膠（plastic）一字源於希臘語「plastikos」，意思是任何東西都能製作。一提到塑膠，就會想到它是在高溫下會軟化，然後凝固變硬的物質。一般認為，塑膠是石油化學的產物，其實，自然界中也存在類似塑膠的物質。樹木流出的樹液凝固後變成寶石般的琥珀，或是橡膠樹流出的天然橡膠，也可視為一種塑膠。

　　德國人克里斯提安・謝恩賓（Christian Schönbein，1799～1868）教授在1846年成功合成所謂硝化纖維素（nitrocellulose）的物質，也就是塑膠的起點。

　　英國發明家亞歷山大・帕克斯（Alexander Parkes，1813～1890）在1855年製造出名為帕克辛（Parkesine）的物質，他將硝化纖維素溶解在乙醚和酒精中，乾燥後可製成想要的形狀。帕克辛也被視為塑膠的初始。

　　最初的塑膠是由德裔美國人約翰・海厄特所製造。1869年，他利用硝化纖維素、酒精、樟腦（煮樟木時產生的固體成分），開發出加熱後可以做出任何形狀的物質，稱之為賽璐珞（celluloid）。

　　合成塑膠是由比利時裔美國人里歐・貝克蘭（Leo Baekeland，1863～1944）所發明。他參考德國化學家的論文，在1907年製造出所謂電木（Bakelite）的物質。這是非使用天然物質，以煤焦油分餾而得的塑膠。

⚙ 尋找撞球材料而發明的塑膠

以前的撞球是用象牙製成。象牙也被用於製作多樣產品，其中也包括鋼琴鍵盤。隨著使用量增加，象牙取得困難，撞球材料也變得不足。美國撞球製造業者懸賞尋求象牙的替代材料。約翰·海厄特在尋找撞球的替代物質時，發明了塑膠。

⚙ 不會腐爛的塑膠與環境汙染

太平洋上漂浮著比許多國家面積都還要大的塑膠垃圾島（約155萬平方公里）。垃圾在風與洋流的循環之下聚集於一處，此處便被稱為「太平洋垃圾帶」。

塑膠雖然能讓生活更方便，但也是環境汙染的元凶。由於塑膠不會腐爛，所以廢棄的塑膠在世界各地造成環境汙染問題。特別是廢棄塑膠經磨損後，產生不到5公釐的微塑膠難以去除，海洋生物們還會誤以為是食物吃下肚。塑膠不僅正威脅著動植物生態系統，最終也會影響人類的健康。享受便利之際，同時必須努力減少使用，防止汙染。

聚乙烯

塑膠的種類非常多。其中最常用的是聚乙烯。飲料瓶或塑膠袋等，我們周遭可見的塑膠大部分是聚乙烯。德國化學家漢斯·馮·佩希曼（1850～1902）博士在1898年發現聚乙烯，但其價值未獲認可而被遺忘。1933年，在英國帝國化學工業公司（Imperial Chemical Industries）工作的化學家艾瑞克·福塞特（1927～2000）和雷金納德·吉布森（1902～1983）在實驗室偶然再次發現。

1878年，英國
約瑟夫・斯旺（Joseph Swan，1828～1914）

燈泡 light bulb

將夜晚變成白天的魔法

▲ 白熾燈

⚙ 人人皆知燈泡是愛迪生發明的，但其實不然

燈泡意指白熾燈泡或白熾燈。1808年，韓福瑞・戴維（Humphry Davy，1778～1829）發明了弧光燈（arc lamp）。弧光燈問世之前，人們使用的是煤氣燈。科學家們研究用電力取代煤氣的方法，戴維遂發明弧光燈。戴維的弧光燈使用2000個電池發光。弧光燈維護費高，耗電量大，太過明亮，所以未能在家庭使用。

取代弧光燈的實用白熾燈，則是由英國物理學家約瑟夫・斯旺製作而成。他發表了使用碳絲的真空玻璃燈泡，1878年安裝在自己家中，並成功點亮燈。

第二年，湯瑪斯・愛迪生（Thomas Alva Edison，1847～1931）發明了含白熾燈泡的發電機、插座、保險絲等使用便利的設備。雖然他不是最早的發明者，但在推廣普及方面扮演了關鍵的角色。當時白熾燈的缺點是燈絲壽命短，無法持久。為了尋找壽命長的燈絲，愛迪生曾經進行超過1000次實驗。

⚙ 白熾燈裡面有燈絲，但螢光燈內沒有

白熾燈裡面有燈絲。白熾燈是利用熱輻射，物質隨著溫度升高而產生光。這種現象稱為溫度輻射，即白熾燈發光的原理。供應白熾燈的95%的電能會發熱流失，僅僅5%左右會變成光。

螢光燈內放入水銀蒸氣和氬氣，塗上發光物質。通電會產生肉眼看不見的紫外線，紫外線碰到發光物質會變成肉眼可見的光線。

▲ 螢光燈　　▲ 鹵素燈　　▲ LED

⚙ LED 燈泡的壽命比白熾燈泡長數百倍

進入 21 世紀，人們認識到，顛覆生活的白熾燈是消耗大量能源的元凶。白熾燈泡正逐漸汰換成 LED。LED 是「發光二極體（Light Emitting Diode）」的縮寫，利用名為發光二極體的一種半導體電子裝置製成。耗電量小，發熱輕微，壽命比白熾燈泡長數百倍。

全世界燈亮最久的白熾燈泡

美國加州利弗莫爾消防局天花板上懸的一盞白熾燈，從 1901 年設置以來迄今持續發光，燈亮超過 100 年，被封為「百年燈泡（centennial light）」。它僅在消防局搬遷和不間斷電源供應裝置故障時，曾經兩次熄燈。據說為了保持燈亮狀態而提供較低的電力。關於燈泡長壽的祕訣有許多說法。密封良好而碳絲不燒毀的狀態，也是原因之一。

▲ 百年燈泡（2016）

燈絲發光的理由

電流意指電的流動。電子任意在電線中移動時，如果燈絲擋住，流動會遭到阻礙。電子與構成燈絲的原子碰撞，產生熱量，成為光線。燈泡內沒有空氣，處理成真空狀態後再放入氬氣或氮氣等氣體。裡面沒有氧氣，燈絲才不會燒斷。如果氧氣進入燈泡，只要 1 秒燈絲就會燒斷。

電子和原子

物質是由極小的原子組成。原子是無法再分裂的最小單位，原子中心有原子核，質子和中子相互結合，電子則在原子核周圍快速繞轉。

瑞士軍刀
Swiss Army Knife

在任何地方都能
派上用場的生存工具

⚙ 以馬蓋先刀聞名遐邇的瑞士軍刀

《百戰天龍（MacGyver）》是1980年代中期的電視影集。主角馬蓋先是情報員，在陷入危險時不使用槍，而是以科學知識為基礎，利用身邊的事物解決問題，馬蓋先還會隨身攜帶瑞士軍刀。這是一款適用於多種用途的刀，不過，不知從何時起，韓國人見此已將瑞士軍刀稱為「馬蓋先刀」。

⚙ 從很早以前，已有人嘗試折疊工具以便攜帶或將多工具合而為一

在阿爾卑斯山，曾發現推測是西元前3000多年前製作的袋裝折疊小刀。地中海地區曾出土200年左右的集合湯匙、叉子、飯勺等多種餐具的羅馬工具。15世紀，德國工匠們也曾製造並使用結合多種功能的工具，不過這類工具的用途有限，而且價格昂貴，因此並未普及。

⚙ 瑞士軍刀集合刀子、螺絲起子、開罐器等多種工具

瑞士軍刀的結構是將各種工具折疊放入，目的為方便攜帶。1880年代後期，瑞士軍隊決定推廣多用途工具，也就是將在野外開罐頭或清理步槍時使用的工具合而為一。1891年，德國企業威斯特以「型號1890」之名供貨1萬5000多個。同年，由瑞士的卡爾製造業者兼實業家卡爾‧埃爾森納（Karl Elsener，1860～1918）接

© Look Sharp!

續產品生產。型號1890是兵用產品，擁有木柄刀、打磨工具、開罐器、一字型螺絲起子的功能。

1897年，增添功能的軍官用產品推出。雖然未向軍隊供貨，但很受一般大眾的歡迎。初期，產品名稱為德文的軍官用刀或兵用刀，但發音困難。第二次世界大戰時，美軍稱之為「瑞士軍隊使用的刀」，名稱也因此變成「瑞士軍刀」。最初的4個工具也增加剪刀、牙籤、錐子、指甲刀等超過數十種以上。

多少工具可以合放一起？

依放入的工具不同，組合可能出現數百至數千萬種。若非一定要單手拿，工具放多少都可以。登上金氏紀錄的紀錄是1991年創下的314個。實際銷售的產品中，曾出現配備87個工具、具備141項功能的產品。

由於911恐怖攻擊而被禁止帶上飛機的瑞士軍刀

飛機上有規定允許和禁止攜帶搭乘的物品，若是可能引起火災或造成傷害的工具便不可攜帶。瑞士軍刀原本是可以攜帶搭乘的物品，在機場免稅店也是人氣商品。然而2001年美國發生的911恐怖攻擊為瑞士軍刀帶來考驗。隨著全世界各機場加強保安、擴大危險物品範圍，瑞士軍刀也被列入禁止帶上飛機的品項。

拉鍊 zipper

小小力量，密實結合

❂ 鈕釦從西元前6000多年前開始使用

在古埃及會將兩片衣料用骨頭或金屬別針夾住固定。連結兩個金屬環的方式，則在西元前1世紀登場。1770年，德國人威斯特發明鈕釦製造機，鈕釦就此開始廣泛普及。鈕釦的英語是 button，據說語源是由古日耳曼語的「button」，古拉丁語的「bottanei」，以及葡萄牙語的「botão」演變而來。

❂ 拉鍊是以開合時發出的「zip」聲來起名

拉鍊的出現比鈕釦晚了許多。使用拉鍊時，相較於扣解鈕釦比較不花時間。且與扣上鈕釦時不同，布片之間沒有縫隙，也有較好的保溫效果。

第一位發明拉鍊的人是美國技術人員惠特科姆・賈德森。他喜歡穿軍鞋，但經常遲到的賈德森覺得穿軍鞋時綁鞋帶既耗時又不方便，所以想製作舒適方便的裝置。1893年，他做出一款扣鎖裝置，一側有鉤狀金屬，另一側有與鉤環對接的部分。由於開合時會卡住等使用上的不便，當時未能普及。

1913年，電氣工程師吉德昂‧森貝克（Gideon
Sundback，1880～1954）對惠特科姆的扣鎖裝置進行改良，使其
使用起來更加便利。他以齒狀金屬取代鉤環對接的方式，可謂今
日拉鍊的始祖。1923年，古德里奇公司（Goodrich）推出用吉德昂發
明的裝置所製作的鞋子。由於開關時會發出「zip」的聲音，所以鞋子
起名為「Zipper」，後來便將此裝置的名字稱為「zipper」。

利用楔子原理和斜面原理的拉鍊

楔子原理 拉鍊利用楔子原理。楔子用於打入物品縫隙
中，讓榫接不齊的部分不會鬆脫，或者用以撐開物品的
間隙。通常，木楔或鐵楔的下面比上面薄，或者做得尖
一點來使用。拉鍊拉片扣著的小塊稱為拉頭。拉頭內上
下附有楔子。拉開拉鍊時，上方楔子會撐開拉鍊齒，打
開拉鍊，合上時，下方兩個楔子會讓拉鍊齒相互嚙合。

斜面原理 拉鍊也運用了斜面原理。斜面原理是用斜面
抬起物品比垂直提物更省力。由於楔子為三角形，所以
沿著楔子的斜面施予小力量，垂直方向會化成大力量，
方便拉鍊齒結合。因此雖然徒手很難
開合拉鍊，但只要使用拉頭就很容易
操作。

透明膠帶
cellophane adhesive tape

任何東西皆可貼

⚙ Scotch 成為黏貼用膠帶 代名詞的理由

　　飛機用銀色膠帶臨時維修就飛行，這樣是無視安全、處置不力嗎？其實，銀色膠帶是正規的維修用品。鋁材膠帶被稱為快速維修膠帶（speed tape）。在沒有安全問題的範圍內，限制用於無須施加太大力量的地方。由此可見膠帶的使用範圍無窮無盡，甚至可以用在巨大的飛機上。

　　Scotch 膠帶是美國公司3M 推出的產品名稱。由於商標本身就很有名，所以講到黏貼用膠帶就容易聯想此名稱。Scotch 膠帶意指透明膠帶。透明膠帶是由在3M 研究所工作的美國人理查‧德魯所發明。

⚙ 透明膠帶的人氣

　　1920年代，汽車流行漆塗雙色。上色後要遮蓋住一部分，再漆上另一顏色，這時通常是覆上報紙再用膠帶固定後作業。問題是黏上紙或上漆結束後貼膠帶的地方變得黏糊糊的。為了解決這個問題，德魯製作出不留殘膠的膠帶，也就是1925年推出的遮蔽膠帶（masking tape）。

　　持續研究膠帶的德魯，注意到美國化學公司杜邦開發的透明賽璐玢（cellophane，又稱玻璃紙）。賽璐玢主要用於包裝食物。德魯認為可以利用賽璐玢來

製作膠帶，遂於1930年開發出透明膠帶。

自1929年起，開始持續10餘年的經濟大蕭條。在凡事都得省吃儉用的情況下，任何東西破碎、撕裂，一般都可以用透明膠帶修補，透明膠帶因此大受歡迎。經濟大蕭條結束時，第二次世界大戰開始，後來透明膠帶被廣泛運用在國防產業。

膠帶切割器

膠帶為圓形成捲的形態，使用起來不方便。為了方便切割，有的膠帶會直接放入所謂膠帶切割器（dispenser）的塑膠框內。膠帶切割器的末端有鋸齒刃，可以輕易裁切並且固定膠帶，下次使用時較不費力。膠帶切割器由3M職員約翰·博登（John Borden）於1932年製作而成，幾乎在與透明膠帶差不多的時期問世。首次推出的膠帶切割器並非以手握持的塑膠形態，而是放在地板上使用的大型產品。

Scotch 膠帶名字的由來

Scotch 一詞意指蘇格蘭人，也有吝嗇之意。取名 scotch 的理由有多種說法，意涵應為這是有助於節約省用的實用產品。

膠帶容易黏貼與撕下的原因

透明膠帶容易黏在物品上，且維持接著力。接著是填補縫隙的作業。物體表面看起來很光滑，但實際上有許多小縫隙。填補兩個物體之間的縫隙，使之成為一體，就能順利互黏。此時，兩物體之間會產生所謂「凡得瓦力」（van der Waals force）的相互吸引力。

透明膠帶表面的一側黏黏的，這是沾有接著物質的緣故（嚴格來說是黏著物質，黏著與接著的說明參考〈便利貼〉篇）。接著物質將膠帶與物體間隙結合為一，順利黏貼。使用圓捲透明膠帶時，很容易撕下。膠帶黏稠面的反面很光滑，這是因為上有防黏物質塗層，所以黏著物質無法黏附。

尼龍nylon

用煤炭、水、空氣製成的纖維

要大量生產衣服，就需要人造纖維和人工材料

要製作衣服，必須先有線。過去，線是從蠶繭、棉等天然材料中抽取的。抽取線十分費工，而且獲取材料有其限制，難以大量生產。後來，儘管人造纖維的出現，其原料依舊是天然物質，增產不易。若要大量製作廉價衣服，就需要使用人工物質的纖維，而非天然材料。

替代絲綢的再生纖維 —— 嫘縈

取自大自然的最高級纖維是絲綢。由於是用蠶繭抽絲製作絲線，所以產量不多，發明家們不斷研究替代絲綢的纖維。替代絲綢的嫘縈（rayon）是由英國的查爾斯‧克羅斯（Charles Cross，1855～1935）和愛德華‧貝文（Edward Bevan，1856～1921）在1892年發明，並在1904年由英國纖維公司成功商業化。嫘縈屬於人造纖維，由木材紙漿的纖維素加工製成，也被稱為再生纖維。

編織絲綢的線稱為絲，由於嫘縈是人工製作，所以又稱為人造絲。雖然替代了絲綢並有很多優點，但卻有著在製造過程中造成嚴重環境汙染的缺點。

⚙ 耐高溫的合成纖維 —— 尼龍

為製造出同時保有嫘縈的優點並消除其缺點的新式人造絲綢，尼龍就此誕生了。發明尼龍的人是天才化學家華萊士‧卡羅瑟斯。1935年，卡羅瑟斯在化工公司的「杜邦」工作時發明了尼龍。在尼龍之前，卡羅瑟斯曾經從事合成纖維的製造研究，製造出稱為聚酯（polyester）的物質。當時在實驗室裡的一名研究員，將聚酯物質插在玻璃棒上四處走動，聚酯卻像線一樣被拔了出來。見到此景，卡羅瑟斯在合成纖維的製作上獲得靈感。聚酯線在低溫下也容易融化，無法製成商品。

卡羅瑟斯開發的物質中，有一種能耐高溫的物質，叫做聚醯胺（polyamide）。他用聚醯胺取代聚酯，製造出非常強韌而柔軟的合成纖維，就稱為尼龍。

> **石化產業**
>
> 這是使用石油、煤炭、天然氣來製造燃料等化學用途產品的產業。也製造出合成纖維、合成樹脂、合成橡膠等各式各樣的原料。包括衣服在內，我們身上70%的產品都是石油化學產品，石化產業與我們的生活密切相關。尼龍也是出自石化產業的產品。

⚙ 尼龍被用在布、電子設備、人工血管、降落傘、帳篷等諸多物品上

世人們稱尼龍是「用煤炭、水、空氣製成的纖維」、「比蜘蛛絲更細、比鋼鐵更堅韌的奇蹟之線」。用尼龍製作的第一項產品是牙刷，以前牙刷的刷毛都用豬毛，後來換成了尼龍。而尼龍產品普及的契機是女用絲襪。由於尼龍柔軟且相當耐用，在當時掀起一陣旋風。1940年，尼龍絲襪在市場上首次亮相的第一年就賣出6400萬雙。尼龍不僅被用於製作衣服的布料，也被用在電子設備、人工血管、降落傘、帳篷等諸多物品上。

> **高分子化合物**
>
> 物質是由小分子組成的。高分子並無明確定義，一般意指分子量超過1萬個的巨大分子。尼龍是所有聚醯胺系列的合成高分子化合物的統稱。

原子筆
ball-point pen

用圓珠寫下的字跡

⚙ 人類最初是用石頭來畫記號

　　人類在原始時代用棍子或石頭在地面或石頭上畫記號。西元前5000多年前，美索不達米亞地區的蘇美人將木頭或金屬末端磨尖來寫字。西元前500年左右，利用鳥類羽毛的筆問世，此後筆尖的材料也換成了金屬。

　　原子筆出現之前，人們使用的是鋼筆。由於鋼筆必須蘸墨汁使用，又或者需要更換筆管內的墨汁，在使用上很不方便。另外還有紙張被墨水浸濕或被鋒利的筆尖劃破等缺點。原子筆是在小管子的末端裝上鐵珠。鐵珠貼在紙張上轉動，墨水順著筆尖的圓珠流出，就能寫出字來。

⚙ 發明原子筆的報社記者

　　原子筆由匈牙利出身的猶太裔報社記者拉斯洛・比羅所發明。在比羅之前，美國人約翰・勞德（John Loud，1844～1916）曾於1888年製作過原子筆。製革業者的勞德需要能夠在皮革上標示的書寫工具而開發了一款原子筆。但由於未能解決墨水外漏的現象，始終無法商品化。

　　比羅是報社記者，因為用鋼筆寫字有許多不便之處，像是墨水不容易乾、會暈開，而且得經常補充墨水等。因為筆頭尖尖的，也經常發生紙被劃破的情況。有一天，比羅注意到報紙用的墨水與鋼筆用的墨水不同，前者的墨水不會流下來，而且乾得也快。他也想到如果把筆尖弄圓的話，紙也不易被劃破。於是，他在填入墨水

的竹管末端裝上圓球，完成了原子筆。1938年，他在英國申請專利，於1943年推出成品。部分國家按照發明者的名字將原子筆稱為「比羅（biro）」，這個單詞也被收錄在字典中。

⚙ 向全世界出口原子筆的法國公司 —— Bic

原子筆普及全世界的契機，始於法國一家名為 Bic 的公司向世界各國出口便宜的原子筆。原子筆和打字機、影印機同時被選為提高辦公效率的三大文具發明品。為方便採訪而開發的原子筆，大受新聞記者的歡迎，初期原子筆還被稱為「記者筆」。原子筆也供應給英國空軍，因為容易漏墨水的鋼筆在飛機上使用不便，但隨著原子筆問世就能輕鬆標記目標物。

原子筆在塑膠上不好寫字的理由

隨著圓珠滾動，流出的墨水沾在紙張上就能寫成字。塑膠又光滑又硬，造成圓珠無法滾動頻頻滑掉。圓珠不滾動，墨水就難以流出，因此不好書寫。而原子筆好好壓在紙上時，圓珠整體會碰到紙張表面，所以寫字就能寫得很順。塑膠材質堅硬，表面與圓球的接觸面積狹小，即使寫了也會顯得筆觸很細。

原子筆墨水不會漏的原理

使用原子筆時可以不必為了讓墨水順利流出而將筆豎直，甚至倒著拿也很好寫，墨水也不會漏到筆芯後面。這是因為原子筆墨水的黏性很高。有圓珠的一側不用時會塞住，裝著墨水的筆芯內會變成類似真空的狀態。沒有空氣擠壓墨水，墨水就不會流動。就像在吸管裡裝水，再用手指堵住一側時，水不會流向另一側，其原理是一樣的。

魔鬼氈
velcro

無數的鉤子與扣環

⚙ 可撕可貼的鉤環裝置 —— 魔鬼氈

如果每天反覆做，即使是小事，也會變得麻煩不方便。扣鈕釦或繫鞋帶也是一樣，因為遲到而著急的時候更是如此。魔鬼氈可貼可撕，代替鈕釦或鞋帶使用時十分便利。只要是非得使用接著劑或膠帶的地方，都可以用魔鬼氈替代，使用條件沒有限制。英文的 Velcro 其實是商標名，一般稱為魔鬼氈，在國外的正式名稱是「可撕可貼的鉤環裝置（hook-and-loop fastener）」。

⚙ 魔鬼氈的原理是從大自然中偶然發現

1941年，瑞士電機工程師喬治・德・邁斯楚與獵犬一起狩獵回來後，發現狗和自己的衣服上黏滿了果實。那是牛蒡屬植物的果實，果實的尖刺上長著非常小的鉤子，鉤在狗毛和衣服上。邁斯楚利用此一原理製作出魔鬼氈，並在1955年取得專利。魔鬼氈是一側有著許多小鉤子，另一側則有著小扣環的掛鉤構造。

一開始魔鬼氈並不是很受歡迎，用幾次後接著力就會變差，人們不懂魔鬼氈的必要性為何。1957年，改良品推出，取名為 velcro，即天鵝絨布（velour）與扣環（crochet）的合成詞。此後，魔鬼氈因活用在兒童書包和錢包上而廣受青睞。1969

年，人類首次登陸月球時，尼爾·阿姆斯壯穿著的太空服上也使用了魔鬼氈。太空船內沒有重力，碗和食物會四處漂浮，因此使用魔鬼氈來固定碗。

▲ 魔鬼氈靈感來源的牛蒡屬植物果實

⚙ 魔鬼氈承受的力量

魔鬼氈根據製作的原材料和鉤子的密度，承重力皆有所不同。通常1平方公分大的魔鬼氈能夠承受70至700公克的重量。若是10平方公分的大小，甚至能承受相當於一名成年人體重的70公斤重。如果用肉眼看不見的奈米尺寸製作鉤子和扣環，接著力會比一般的魔鬼氈強上數千倍。

⚙ 魔鬼氈接著面的模樣

魔鬼氈的一側是鉤子，另一側是扣環。也有兩側是相同模樣的魔鬼氈，採取的固定方法是利用許多蘑菇狀的突起物，並讓突起物之間互相鉤住。該產品打破魔鬼氈兩側模樣必須是不同的常識。

仿生

仿生意指從動物或植物的原理、形態、行為等獲得靈感，並製作出物品的技術。高鐵運用了受空氣阻力較小的翠鳥喙作為原理。游泳時腳上穿的蛙鞋是模仿鴨子的蹼而製作的。模仿白蟻巢結構的建築、從鳥類取得靈感的飛機、應用荷葉特性的防水產品、酷似昆蟲的無人機等，大自然提供了發明所需的靈感。

無線遙控器

remote control

電視轉台不再麻煩

⚙ 遙控器是操控遠處設備的必要之物

近年從遙控器發展而來的人工智慧喇叭，以語音命令就能開關電視、音響、冷氣、電風扇等電子機器或照明等。若與智慧型手機連動，智慧型手機即可搖身變成遙控器。即使距離只有2至3公尺，但人們已經習慣待在原地不動，僅用遙控器操作。當設備裝置在徒手碰不到的遠處時，遙控器更能發揮其真正價值。像是裝置在天花板上的空調、電風扇、投影機等時，遙控器更是不可或缺。

⚙ 遙控器在1950年代問世

美國電視製造商天頂（Zenith）在1955年推出無線遙控器「Flashmatic」，透過將光發射至裝置在電視上的感測器來切換頻道或調節音量。而發明遙控器的人是身為職員的尤金‧波利。坐在位子上就能輕鬆轉台，收看電視的生活方式因此大幅改變。波利被稱為「懶人之父」、「沙發馬鈴薯（couch potato）的英雄」（沙發馬鈴薯是指坐在沙發上邊吃洋芋片邊看電視的人）。

⚙ 開發遙控器的真正（？）目的

天頂公司開發遙控器的目的，除了方便收看之外，其實還有其他原因。由於擔心人們對廣告感到厭煩而不願意購買電視，進而開發了讓人們在廣告一出來時就能

降低音量或快速轉台的遙控器。天頂公司在1950年首次推出的遙控器「Lazy Bones」並非無線，而是有線的。5年後的1955年，無線產品「Flashmatic」便接續問世。1956年，與波利一起負責開發的羅伯特‧阿德勒（Robert Adler，1913～2007）開發出用超音波替代光波的遙控器「Space Commander」。

🔘 開發遙控器的各種嘗試

1898年，天才發明家尼古拉‧特斯拉（Nikola Tesla，1856～1943）在模型船上使用遙控器。

1907年，西班牙數學家暨發明家萊昂納多‧托雷斯‧奎維多（Leonardo Torres Quevedo，1852～1936）利用無線電遙控裝置「telekino」成功移動停泊在港口的船。

1920年代推出收音機用的有線遙控器，但由於使用率下降而未能獲得關注。

遙控器原理

光的種類有可見光和紅外線、紫外線等不可見光，而人類只看得到可見光。遙控器主要利用的是紅外線，電視感測器識別遙控器所發射的紅外線後接著執行功能。紅外線會被牆壁或家具反射，所以即使遙控器沒有精確對準電視感測器也沒關係。在無線滑鼠、遙控飛機或遙控車玩具、手機近距離通訊等技術上，處處可見利用紅外線的遙控器原理。

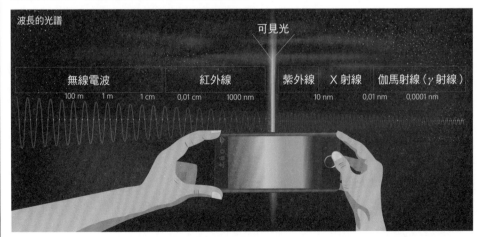

波長的光譜

可見光

| 無線電波 | | | 紅外線 | | 紫外線 | X射線 | 伽馬射線（γ射線） |

100 m　　1 m　　1 cm　　0,01 cm　　1000 nm　　　10 nm　　0,01 nm　　0,0001 nm

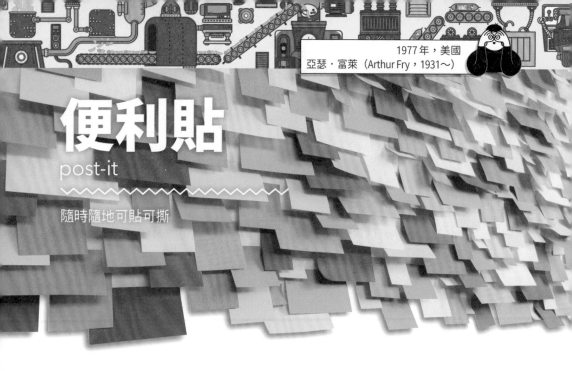

便利貼
post-it

隨時隨地可貼可撕

便利貼由 3M 首度製作

　　任職研究所的研究員史賓塞・席佛（Spencer Silver，1941～2021）曾經研究比公司生產銷售的接著劑更強力的產品。1970年，他開發出新的接著劑，但新接著劑的接著力弱、黏性不佳。雖然是失敗的產品，但席佛認為它可能可以用於其他用途，所以在公司研討會上發表其研究成果，但並沒有引起關注。

　　4年後，任職3M膠帶業務部的亞瑟・富萊（1931～）煩惱著如何才能貼好當作書籤用的紙片。曾是教會唱詩班的富萊，想把紙片夾在詩歌本上做標記，但紙片很容易掉下來，相當不便。如果用黏膠把紙片貼上，薄薄的詩歌本就會破掉。富萊突然想起研討會上曾經見過席佛製作的產品。當時是1974年，富萊向公司報告其想法，提議製作成產品。雖然公司並不期待，但富萊埋首開發，在1977年做出便利貼。從此便可以自由貼撕，也不會留下黏糊糊的汙痕。

便利貼可以貼撕的原理

　　便利貼只要稍微按壓一下就會產生接著力。便利貼的接著面上有無數的微小膠球，膠球破裂後，利用從中流出來的接著劑就能黏貼。直到膠球全部消失為止，都

可以重複撕下來再貼上去。

全世界有1000餘種，一年銷售數百億個

便利貼優越於便條紙且能激發創意，進而成為備受矚目的道具。每個人都有屬於自己做筆記的習慣，而筆記時的常用產品之一就是便利貼。

便利貼最初以「Post-Stick note」之名推出，在4個城市試銷，但並沒有受到人們的喜愛。富萊將便利貼發送給雜誌《財富（*Fortune*）》所選定之世界500大企業的祕書室，藉此方式宣傳便利貼。用過的人90%都回覆要購買，反應良好，便利貼也開始受到關注。最後，便利貼大獲成功，甚至成為黏貼式便條紙的代名詞。

便利貼精巧的紙藝

便利貼是多張紙重疊的構造，即使塗上接著劑後也必須保持紙張的厚度一致。為了達到該效果，唯有將塗有黏膠的部分降低厚度才能做到。紙的強度也要適宜，撕的時候才不會破。據說開發便利貼時，這部分最為困難。

黏著與接著

兩者意思相似但略有不同。接著劑黏了一次就不會脫落，例如強力膠或黏膠。貼上後撕得下來的話，則是「黏著」。便利貼是利用黏著特性的代表產品。

小發明物的大價值

⚙ 黃色橡皮筋，用途無限的萬能發明品

　　細細的環狀黃色橡皮筋的用途是綁東西。不必打結，只要直接把東西包起來即可。生活中有許多地方會用到橡皮筋，網路上也有介紹很多奇妙的使用方法。可以隨心所欲使用，自然就能迸出更多新方法。

　　橡膠於 16 世紀開始正式被使用。在中美洲阿茲提克文明社會中，橡膠用於多種用途。橡膠真正用作產業材料的時期是 19 世紀。1839 年，美國化學家暨發明家查爾斯・固特異將硫磺加入橡膠，製成強韌的橡膠。從此之後，橡膠開始被廣泛地使用。

　　據說橡皮筋最早起源於 1823 年時，英國發明家湯瑪斯・漢考克（Thomas Hancock，1786～1865）將橡膠瓶切開來使用。1845 年，由英國發明家暨實業家史蒂芬・佩里（Stephen Perry）取得專利。當時他的製作目的是想把多張紙或數個信封綑在一起。史蒂芬將橡膠做成空心管，然後裁成小段，於是生產出橡皮筋。

⚙ 鐵線衣架，從掛衣服的物品到成為發明物的材料

　　鐵線衣架為艾伯特・帕克豪斯（Albert Parkhouse）於 1903 年所製。帕克豪斯在日常用品製造公司上班，職員們抱怨掛衣服的掛鉤不足很不方便，於是他站出來解決問題。他將一根鐵線先彎成橢圓形，再將末端擰成環狀。在那之後出現了超

過數百種用途相似但形狀略有不同的衣架。

在現今時代，鐵線衣架本身也能被應用來製造其他東西。展開可以用來疏通水管，適度彎折後也可以用作智慧型手機支架或花盆底座。香蕉架、毛巾架、閱讀架、便條夾等，使用範圍無窮無盡。電視節目中也曾出現利用鐵線衣架製作各種產品的達人。

🔩 美工刀，可裁切的刀成為可折斷的刀

刀是為了裁切東西而製作的物品。美工刀雖然也是刀，但有點不同。它不僅能裁切物品，同時本身也能被折斷。當刀刃變鈍時，若想使用新刃就必須切斷鈍刃。

美工刀由日本人岡田良男（1931～1990）所發明。岡田在印刷公司工作，常常需要裁切紙張。隨著刀的使用次數增加，刀刃也漸漸地被磨鈍，岡田會在刀刃變鈍時折斷鈍部繼續使用。儘管折斷的斷口鋒利得像新刀一樣好用，但要折斷刀不僅耗時也相當危險。

岡田於是想到美軍分發的巧克力，由於上面刻有凹槽，很容易掰斷來吃。又有一天，他看到碎玻璃杯尖銳的斷口，與刀刃產生聯想。他綜合兩種靈感，想要製造出有長長的刀片，又能一段段折斷使用的刀，經過一番研究，終於在1956年完成美工刀。

🔩 搓澡巾，徹底改變沐浴文化

隨著搓澡巾的問世，搓澡的文化更趨正式。在韓國，澡堂裡甚至有專門的搓澡師。搓澡巾又叫義大利毛巾（韓國的義大利毛巾是產品名稱，字典裡甚至也有義大利毛巾一詞）。1967年，搓澡巾登場。據說是一位叫做金必坤的人偶然發明的，雖然不清楚是由經營紡織公司的親戚製作，還是金必坤自己開發的，但成功將搓澡巾商業化的人是金必坤。

義大利毛巾使用自義大利引進的黏液嫘縈（viscose rayon）纖維作為材料，所以如此取名。雖然是作為毛巾使用而引進，但由於材質過於粗糙，其實並不適合用作毛巾。偶然地在澡堂使用時，發現身上汙垢輕易地脫落，進而演變成搓澡的用途（關於嫘縈，請參考〈尼龍〉篇）。

第 3 章

更便利、更輕鬆

發明真的改變了世界。我們的生活方式因為發明產生了巨大變化，邁向不同以往的新世界。發明一開始是為了消除生活周遭的不便，不過隨著許多人同步受益，生活也變得截然不同。即使是相同的事，有了發明的幫忙，做起來就能更快、更輕鬆。

洗衣機一開始是為了更方便洗衣而發明的，但它不只節省了洗衣麻煩的步驟，為了洗衣服所浪費的時間還可以用在更有價值的事情上。洗衣機使運用時間的方式產生重大改變。隨著電梯的發明，建築物可以建得更高。高樓大廈林立，城市面貌也發生變化，由於能夠容納更多的人，大城市也於焉誕生。電話使我們能與地球另一端的人交談，有了影印機之後不用手寫也能無限複印文書。安全玻璃、安全氣囊和安全帶拯救了無數生命免於死於事故。如果使用導航，即使不認得路，也可以找到任何想去的地方。而信用卡則讓沒有現金也能交易變成可能。

點字 braille

以手代眼

⚙ 視障者使用的文字 ── 點字

城市裡總是有東西會發光，不至於完全變暗。在沒有任何設施的鄉村或山中，沒有月光的話，真的才會體會到什麼也看不見的黑暗狀態。即使睜開眼睛也看不到，必須小心翼翼地摸索前進。看不見的時候，只能依靠觸覺或聽覺等其他感覺。

⚙ 奠定點字基礎的法國陸軍軍官

點字是視障者使用的文字，由6個凸點所組成，分布為直排3點、橫排2點。根據凸點擺放的位置，總共能排列組合出63種點符，包括空格在內共64種。

點字出現之前，也曾經嘗試過許多讓視障者寫字的方法。像是在樹上刻字、用線打結、用鐵絲做出字形、用羊角印刷等，根據不同時代而有不同的發展。

1800年代初期，為能在黑夜中閱讀作戰指令，查爾斯·巴比耶創造出夜間用的文字，以直排6點、橫排2點，共12點組成。由於閱讀困難，最終未能按照原始

A B C D E F G H I

J K L M N O P Q R

S T U V W X Y Z R ◀ 點字字母

目的使用。但巴比耶認為這對視障者可能有所助益，決定在巴黎視障生學校進行試用。當時的在校生少年路易・布拉耶（Louis Braille，1809～1852）覺得直排6點使用不便，於是在1824年將點字縮減為3點。

🏵 1989年美國傳教士製作的韓文點字

韓文點字是1989年由美國傳教士羅塞塔・舍伍德・霍爾（Rosetta Sherwood Hall，1865～1951）女士所製作，又稱「平壤點字」，採4點方式呈現。但要以4點方式表達韓文實有其局限。1920年代初期，濟生院盲啞部教師朴斗星（1888～1963）與弟子們開始研究，補足其未盡完善的部分後，在1926年發表適合韓文表達的訓盲正音。

黃色的導盲磚

如果點字是手專用的文字，那麼導盲磚（點字磚）則是腳專用的設施。鋪設在人行道上的黃色地磚是提供給視障者的通道。他們可以用枴杖敲打或用腳感受導盲磚的突起，然後沿著導盲磚行走。導盲磚的標示有兩種，細長凸起的線形磚表示直行，圓形凸起聚集的點形磚則表示停止。導盲磚是1965年日本工程師三宅精一（1926～1982）為失明的朋友所發明。1967年首次設置在岡山視障者學校附近。

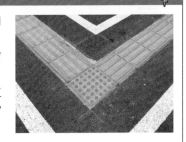

戴眼鏡能看清楚的原因

人看到的影像是由物體反射的光進入眼睛後折射而成。折射是光通過某物體時彎折的現象。光進入瞳孔後在角膜和水晶體中折射，最終在視網膜成像。視網膜再將光轉換成電訊號傳給大腦，就能形成圖像。焦點必須對準視網膜，物體才能清晰可見。沒有對準的話，物體便會看起來很模糊，這種情況也就是俗稱的眼睛變差或視力下降。

戴上眼鏡的話，焦點就能正確對到視網膜使物體清晰可見。眼鏡由玻璃或塑膠製成的透明鏡片製成，鏡片可調節光折射的角度。

洗衣機
washing machine

去除汙垢的
離心力和摩擦力

⚙ 洗衣與人類的歷史一起開始

人類會將身上的衣物用水沖洗，或在石頭或木頭上搓洗，有時還會用上棍棒。隨著洗衣板問世，洗衣服變得更輕鬆。洗衣板主要為木製，但具體是從何時何地開始使用的並未被記載。但金屬製洗衣板是有專利紀錄的。1833年，由美國人史蒂芬・魯斯特（Stephen Rust）取得專利。他用木框將帶有槽紋的金屬板圍住後便完成了洗衣板。

⚙ 洗衣機的脫水功能出現於 1950 年代

在17至18世紀期間，洗衣機雖然已被發明完成，但其原理大多沒有脫離將衣物放入筒中再以棍桿攪拌的概念。

機械式洗衣機是1851年由美國人發明家詹姆斯・金所製造。他將衣物放入側置的圓柱形直筒中，再用把手轉動直筒進行洗滌。

1874年，威廉・布萊克斯通（William Blackstone）製造出家用洗衣機作為妻子的生日禮物。使用方法是轉動把手，以筒內的衣物在水中相互碰撞的方式使汙垢脫落。布萊克斯通製造的洗衣機可說是現代洗衣機的開端。

截至1875年為止，光是在美國註冊的洗衣機專利就多達2000多件，可見洗衣機的發明十分熱門。隨著電動馬達的出現，與現今使用的產品相似的洗衣機也陸續問世。

1910年，美國工程師阿爾瓦・約翰・費雪（Alva John Fisher，1862～1947）取得了滾筒型洗衣機的專利，甚至可將之視為滾筒洗衣機的始祖。如果將電動馬達裝在洗衣機外面，水濺出來的話，洗衣機會停止運轉，或者可能有觸電的危險。能夠定時運轉的計時器功能始於1930年代，脫水功能則出現於1950年代。

⚙ 增加社會活動參與時間的洗衣機

洗衣機不僅洗衣方便，也大幅度減少了家務所需時間。根據1940年代美國的調查內容，使用洗衣機後，洗衣時間從4小時減少到40分鐘。隨著做家務的時間減少，相對地參與社會活動的時間便大幅增加。使人們得以從家務中解放的洗衣機被評選為比網路更偉大的發明。

洗衣機的方式和原理

洗衣機大致分為三種方式：底部有葉扇的螺旋式、中間有攪拌棒的攪拌式、滾筒會旋轉的滾筒式。螺旋式會引起水流漩渦；攪拌式是藉由攪拌棒的旋轉來攪動水和衣物；滾筒式則是用旋轉滾筒來將衣物來回翻來覆去的方式完成洗衣。

洗衣機共同的作用原理是利用離心力和摩擦力。離心力指的是物體旋轉時向外推的力量。葉扇、攪拌棒或滾筒旋轉時會產生水流，將衣物和水攪混在一起，進而引起摩擦使汙垢脫落。脫水時，離心力更能發揮效果。衣物會貼在洗衣筒上，只有水從洗衣筒的鑽孔流出來。與離心力相反的力量是向心力，即進行圓周運動的物體或粒子指向圓心的力量。

▲ 軌道速度

電梯
elevator

開啟垂直空間利用之路

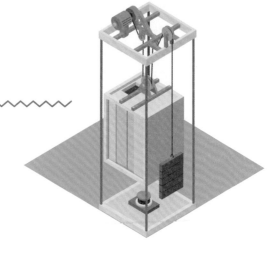

⚙ 始於西元前3世紀的電梯

　　電梯是現代社會的必需品。每天有10億人以上使用，相當於每隔72小時就運送了全世界的人口一次。電梯的歷史相當久遠，西元前3世紀時就有人利用滑輪原理建製電梯。首位製作滑輪的人是古希臘自然科學家阿基米德（287?～212 B.C.）。後來，各種各樣的電梯問世。17世紀中期，法國路易15世在凡爾賽宮裝設人可搭乘的電梯。當時的電梯主要利用人、動物或水的力量運轉，但因為具有危險性，未被廣泛使用。

⚙ 現代電梯在安全裝置出現之後開始普及

　　製造具安全裝置電梯的是美國的伊萊沙・奧的斯（Elisha Otis）。也許讀者也曾看過電梯上刻有OTIS字樣。任職於床架製造工廠的奧的斯在1852年發明了將床安全移上一層樓的裝置。翌年，奧的斯創辦公司，製造且販售貨用電梯。1854年，奧的斯在紐約博覽會場展示電梯後，然後親上電梯、剪斷繩子。觀眾以為會發生重大事故嚇了一跳，但朝地面落下的電梯在安全裝置啟動後，安全地停了下來。

　　後來，奧的斯製造的貨用電梯開始被廣泛使用。1857年，紐約的霍沃特百貨（E.V. Haughwout）安裝世界第一台客用電梯。在5層樓高的建物中，電梯以每分鐘12公尺的速度攀升，並可以承載450公斤的重量。

　　此後，電梯便迅速普及。奧的斯最初製造的電梯是使用蒸汽動力，進入1870

年代以後，水壓式電梯登場，1889年更出現了使用電動馬達的電梯。

世界上最快的電梯和最高的電梯

位於中國廣州CTF金融中心（高530公尺，111層）的電梯是世界上速度最快的電梯。每秒可移動21公尺，時速超過75公里。從1樓到95樓只需43秒。

世界上最高的室外電梯是位在中國張家界的百龍天梯，約1分32秒就能登上326公尺的高度。若是沿著山路上去，乘車也要3小時，但搭電梯的話瞬間就能到達。電梯垂直伸展至懸崖，一半藏在山中，一半暴露在外。

電梯安裝的基準

電梯的安裝與否不能由建築師任意決定。根據台灣建築設計法規，6層樓以上至少應設置一座以上之昇降機通達避難層。超過十層樓以上，最大一層樓地板面積在1500平方公尺以下至少應設置一座緊急用昇降機；超過1500平方公尺時，每達3000平方公尺就應增設一座。

滑輪原理

滑輪是改變力量方向或以小力量產生大力量的裝置。其構造是把繩子纏繞在附有凹槽的輪子後拉動。滑輪根據車輪固定與否，分為動滑輪和定滑輪。電梯就是一種定滑輪。

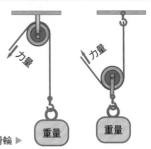

定滑輪（左）和動滑輪 ▶

電話 telephone

地球另一端的聲音也聽得到

依定義不同，第一位發明電話的人也不同

使用電話可以傳話給居住在遠方的人，大幅減少為了傳話而必需移動的距離。如果說汽車劃時代地增加了可移動距離，電話則是相反地減少了需移動距離。第一個發明電話的人是誰，依發明的定義也有所不同。應該說，電話是經由同一時期的多人努力而完成的。

義大利裔美國科學家安東尼奧・穆齊在1854年為了與罹患重病的妻子對話而發明了電話。1860年，他在紐約成功示範電話的功能。穆齊成功製作電話之前，也有很多發明家展示過電話的概念。1858年，德國教授菲利普・萊斯（Philip Reis，1834～1874）製作出可稱得上是第一支電話的「萊斯電話」。在進行電話專利歸屬調查的當時，由於萊斯電話在法庭上無法正常運作而未獲認證。據說，進入1930年代後再次實驗時是正常運作的，但其內容並未廣為人知。

最先申請專利的亞歷山大・格萊姆・貝爾

很長一段時間，眾所皆知的電話發明者是英國出身的美國科學家亞歷山大・格萊姆・貝爾（Alexander Graham Bell，1847～1922）。實際上貝爾是最先申請專利的人。1876年2月14日，他向美國專利局申請專利。同日，美國發明家以利沙・格雷（Elisha Gray，1835～1901）晚了2小時申請了相同專利。從發明和示範電話的順序來看，明明是格雷率先發明的，但專利卻被先申請的貝爾取得。

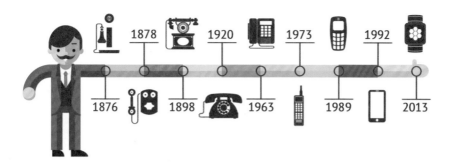

安東尼奧・穆齊曾於1871年申請臨時專利。由於經濟拮据，他只申請了臨時專利，且未能持續更新。針對貝爾擁有的電話專利權進行了許多專利訴訟。穆齊也提起訴訟，但卻在即將確定勝訴時過世，因此審判被迫中斷。2002年，美國國會承認第一位發明電話的人是安東尼奧・穆齊（據說次年被參議院否決）。

🔆 電話發展史

初期，打電話是需要透過接線員的。拿起電話，告訴接線員對方的名字，然後接線員會協助手動接通。後來，自動電話交換機問世，改採機器自動接通的方式連接。電話從轉盤撥號的方式發展到按鍵式，還曾出現過只要插上主機，就能攜帶收發器進行通話的無線電話。從過去到現在，開發出了擁有各式各樣便利機能的電話，像是告知用戶不在的自動應答功能、能記錄未接來電的答錄功能等。在近代，人們主要使用網路電話，利用網際網路就能撥接電話。隨著智慧型手機的發展，家用電話正在逐漸消失。

舊式電話的構造

電話分為說話的發話器和聆聽的收話器。發話器後面裝有振動板，把話語轉換成電訊號。振動板上黏著碳粉，振動板隨著聲音變化抖動時，碳粉上的壓力就會發生變化，電阻也會變得不同。聲音便隨著其電流變化轉換成電訊號。收話器裡裝有電磁鐵和振動板，會把接收自發話器的電訊號轉換成語音訊號。

收話器

發話器

1867年，英國
西蒙・鄧漢（Simeon Denham，？）

自動
販賣機
vending machine

任何東西都可選購

🔩 世界最早的自動販賣機 —— 西元前215年設置的聖水自動販賣機

在現場購物時，先選擇要買的物品，將要買的物品拿到收銀台確認價格，然後付現金或刷卡結帳。自動販賣機則是只要放入硬幣或紙鈔，再拿取機器自動出貨的物品就可以了。自動販賣機指的是不靠人力販售商品的裝置，比現場購物更簡便。

留存的歷史紀錄顯示，世界最早的自動販賣機是西元前215年在埃及亞歷山大神廟設置的聖水自動販賣機。如果將硬幣放在盤子上，槓桿會因重量而傾斜，傾斜後水桶孔就會打開讓聖水流出。後來，1615年英國推出香菸自動販賣機。按入硬幣後蓋子會打開，就可以取出香菸。1822年，英國出版業者理查・卡萊爾（Richard Carlile，1790～1843）推出書籍自動販賣機，據說是以販售國家禁書為目的而製作的。

🔩 第一台獲得專利的自動販賣機是郵票販賣機

最早獲得專利的自動販賣機是英國人西蒙・鄧漢在1867年所發明的的郵票販賣機，只要投進1便士的硬幣就能得到郵票。鄧漢是在遊樂園看到投進硬幣後會運作一定時間的馬型玩偶，因此獲得靈感。成功的商用自動販賣機是美國湯瑪斯・亞當斯口香糖公司在1888年推出的口香糖自動販賣機，販賣機設置在紐約高架鐵路的月台上，大獲成功。

⚙ 自動販賣機販售的物品種類，其實沒有限制

自動販賣機販售的物品五花八門，除
了飲料、食品、化妝品、花、書、票券等
成品，也有經調理後端出的餐點。自動販
賣機主要販售有效期限長的產品，但也有
販售肉或水果等必須保鮮的商品的自動販
賣機。甚至還有汽車自動販賣機，如同租
車一樣，可在大型停車塔上選擇自己想開
的車。透過網路買車的人，取車時有如從
自動販賣機取物般方便。

只有無人自動販賣機的速食餐廳

沒有店員、購物者自行選購和結帳的無人便利商店也陸續誕生，雖然大致上還在試驗階段，尚未
普及。德國早在1895年就曾出現只設置自動販賣機的無人速食餐廳。前往所謂的「自動化餐廳
（Automat）」，只需從自動販賣機取出食物和飲料，再到座位上享用即可。自動化餐廳已傳遍世
界主要國家，現在也持續營運中。

自動販賣機作業原理

自動販賣機的處理流程是先確認付款資訊，再選擇商品。當條件符合時就會釋出商品。以罐裝飲料
自動販賣機為例：放入硬幣或紙幣後機器會判斷是否為真鈔，確認無誤後消費者可以選擇的商品的
按鈕就會亮燈，接著消費者按下想買的商品的按鈕，該商品下方的裝置會打開讓商品掉出來。

鋼筋混凝土
reinforced concrete

性質不同的兩種物質
緊密結合

⚙ 用鋼筋混凝土做成的第一樣東西是花盆

鋼筋混凝土是由法國園丁約瑟夫・莫尼耶所發明。1865年，種植花草的莫尼耶看著老是破裂的花盆，決定製作出更加堅實的花盆。當時的花盆以黏土烤製，容易碎裂。莫尼耶混合水泥與沙子，用水攪拌後製作出混凝土花盆。雖然它比黏土花盆硬，但還不到莫尼耶期望的水準。之後的兩年內，莫尼耶嘗試混合超過100種材料，埋首於製作堅實的花盆。有一天，他用鐵絲做成網型後再塗上水泥，結果做出的花盆非常堅實。1867年，莫尼耶申請發明專利，且參加博覽會的展出。

⚙ 鋼筋和混凝土是互補關係

鋼筋是桿狀鐵材，混凝土是將水泥中混入沙石、骨材等材料適當攪拌後，在水中拌和的混合物。水泥是用石灰石、黏土和適量的石膏混合而成。鋼筋混凝土，顧名思義，就是以鋼筋為骨架的混凝土。

鋼筋和混凝土的優缺點是相反的。鋼筋的抗張力強但抗壓力弱，混凝土的抗壓力強但抗張力弱。兩者互相彌補缺點、強化優點。鋼筋和混凝土的熱膨脹係數幾乎相同。鋼筋和混凝土一起混合凝固後，對溫度變化的反應程度也差不多，彼此黏合良好。鋼筋混凝土在建造建築物時，扮演著非常重要的角色，甚至可說是「神賜予建築師的禮物」。

⚙ 高樓大廈是鋼筋混凝土發明後產生的

　　超高樓大廈林立的地方，稱為摩天大樓或天際線。摩天大樓的意思是「高度足以劃破天空的建築」，天際線（skyline）是「以天空為背景的輪廓」。在大城市裡，數十至數百公尺高的高樓建築櫛比鱗次的景象隨處可見。以木頭作為建材的時代實難以木頭提升建築物的高度，所以在過去並沒有超高樓大廈。

　　高樓大廈是鋼筋混凝土發明後產生的。1885年，美國芝加哥出現高42公尺、10層樓的家庭保險大樓（Home Insurance Building，1885～1931）。雖然與現在的建築相比高度很低，但在當時是劃時代的高樓建築。由於是使用鋼筋混凝土的第一棟高樓建築，該家庭保險大樓被視為摩天大樓的開始。

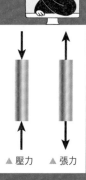

抗張力和抗壓力

張力是向兩邊拉時產生的力量，反之壓力是從兩邊推壓時產生的力量。鋼筋的抗張力強，伸展性佳；混凝土則是抗壓力強，善於承受施加的壓力。

▲ 壓力　　▲ 張力

熱膨脹係數

物質的體積會隨著溫度上升而變化。金屬之類的固體的判斷基準為長度變化的多寡。熱膨脹係數是指長度變化的比率，即長度為1的物質，在溫度變化1度時增加的長度。

1892年，美國
傑斯・雷諾（Jesse Reno，1861～1947）

電扶梯
escalator

會移動的自動樓梯

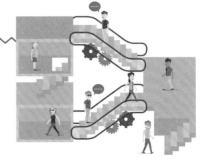

⚙ 輕鬆前往高處 —— 電梯／纜車／電扶梯

不管是登山還是上樓，往高處走都很辛苦。如果孫悟空的筋斗雲、魔女的掃帚、阿拉丁的魔毯真實存在，能帶自己去高處的話就好了。雖然現實中不會出現魔法，但電梯、纜車、電扶梯等現代機械設備可以減輕行走的辛勞。

在美國從事專利業務的內森・艾姆斯（Nathan Ames）在1859年首次提出電扶梯的概念。他以「迴轉階梯（Revolving Stairs）」之名取得專利，但在次年艾姆斯離世，因此並未做成實物。

⚙ 移動的樓梯 —— 電扶梯

實際能運轉的電扶梯，是美國發明家傑斯・雷諾在1892年發明的。電扶梯不是階梯形，而是外觀看似傾斜25°的履帶。在雷諾發明之前，電梯就先問世，所以雷諾將他自己的發明品稱為「傾斜的電梯」。

數月後，喬治・惠勒（George Wheeler，1833～？）也申請了移動樓梯的相關專利。查爾斯・希伯格（Charles Seeberger，1857～1931）在購買惠勒的專利權後，與電梯製造公司奧的斯攜手合作，在1899年做出電扶梯的實驗品。希伯格將意指階梯的拉丁語「scala」加到電梯（elevator）一字上，取名「escalator」。希伯格和奧的斯製造的電扶梯，在1900年法國巴黎世界博覽會上獲得首獎。奧的斯在1910年和1911年買下雷諾和希伯格的專利權，開始正式推廣電扶梯。

⚙ 電扶梯是一種輸送帶

輸送帶意指連續搬運物品的帶狀機器。電扶梯不是輸送物品而是由人搭乘,像樓梯般傾斜這一點,也與一般輸送帶不同。當電扶梯內部的馬達運轉使輪子轉動,連接輪子的鏈條也會跟著轉動、帶動扶梯。

電扶梯也與電梯一樣適用滑輪原理。電扶梯沒有另設平衡錘,下行扶梯就有作為上行扶梯平衡錘的功用。基於安全考量,速度要控制在每分鐘30公尺左右。通常每小時的載客量可達5000至8000人。

世界上最長的電扶梯

香港中環至半山的電扶梯是登上金氏世界紀錄,全世界最長的電扶梯。該電扶梯連接香港中環與半山,由20個電扶梯和3段電動步道連結而成,長度為800公尺,從地面入口到終點的高度相差達135公尺。

中國湖南省張家界天門山的觀光電扶梯則是以12個電扶梯連結出總長892公尺的電扶梯,其移動距離為692公尺。

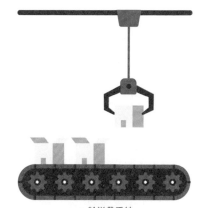

▲ 輸送帶系統

履帶

履帶指的是掛在車輪四周的鋼鐵製鐵板帶裝置。由於履帶與地面的接觸面大,也可以行走險路和坡道。坦克、裝甲車、推土機等皆可使用。

1901年，英國
修伯特・塞西爾・布思（Hubert Cecil Booth，1871〜1955）

真空吸塵器
vacuum cleaner

利用氣壓差來收集灰塵

🛠 最早的真空吸塵器是要用馬車運送的巨大機器

打掃是人類不可避免的命運。雖然不打掃也能活，但必須承受髒亂環境對健康的不良影響。發明物的歷史中不斷出現幫助快速清潔的產品，真空吸塵器也是其中之一。

從19世紀中期開始一直有人不斷嘗試製造真空吸塵器。當時已有用吹風的方式來收集灰塵的吹塵器，但這樣的方法收集灰塵並不容易，清潔效果不佳。成功商業化的真空吸塵器是1901年由英國發明家修伯特・塞西爾・布思所製造。布思將毛巾貼在嘴上吸氣時，看到灰塵卡在毛巾上的現象，所以決定採用吸入的方式。布思製作的吸塵器並非現今可見的小型家用款式，而是要用馬車運送的巨大機器。布思的吸塵器主要用於賣場或飯店等大型建築物，也對因灰塵引起的傳染病預防有所貢獻。

🛠 真空吸塵器的原理線索來自龍捲風的離心力

一般家庭也可使用的第一部小型真空吸塵器由美國人詹姆斯・斯潘格勒（James Spangler，1848〜1915）於1907年製造。但斯潘格勒製作的吸塵器未能做成販售用的產品，其親戚威廉・胡佛（William Hoover，1849〜1932）買下斯潘格勒吸塵器的專利權，成功做成產品。

1930年，美國人愛德華・揚克斯（Edward Yonkers）看到龍捲風後，發明了旋流

器（cyclone）系統。離心力指的是物體旋轉時向外推的力量。旋流器系統採取利用離心力的方式收集灰塵，由於不需使用集塵袋，既衛生、又因為灰塵不會堵塞洞口所以吸力不會減弱。

真空吸塵器的原理

肉眼看不見的空氣其實是由小分子組成的。在大小相同的空間裡，聚集許多空氣分子的話，壓力較高；聚集得少，壓力就低。空氣分子非常活躍地在移動，並有從密度高（壓力高）朝密度低之處（壓力低）移動的特性。颱風或人的呼吸，都是壓力差產生的空氣流動。

當吸塵器內的幫浦抽出空氣形成真空狀態造成空氣減少時，內部壓力就會降低、外部壓力高的空氣就會流入內部，而空氣中的灰塵也會一起進入，便得以在吸塵器內進行過濾灰塵的作業。

真空

真空意指完全不存在空氣或物質的空間。在地球上很難製造出完全的真空狀態。空氣對我們施加的力量稱為大氣壓，一般壓力低於大氣壓就叫真空。

沒有空氣的宇宙是完全的真空。真空狀態下幾乎沒有空氣，所以也沒有濕氣，微生物、黴菌等也就無法繁殖。可以長時間保存食物的真空包裝，意指將食品等物裝入聚乙烯等塑膠製成薄膜袋中，再用幫浦抽出空氣密封。

安全玻璃
laminated glass

即使破了也不會散碎

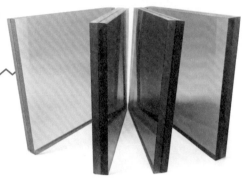

⚙ 兩片玻璃中間放入賽璐珞膠膜的安全玻璃

汽車正前方的玻璃稱為擋風玻璃。最初，汽車沒有擋風玻璃時，駕駛員會戴著頭盔和護目鏡開車。擋風玻璃出現後乘車出入變得方便，但也出現了其他問題，例如：事故發生的話，碎玻璃導致傷勢更嚴重。

法國科學家愛德華・本篤在路上目擊車禍，看到乘客被碎玻璃弄傷的模樣深受衝擊，於是他下定決心製作安全玻璃，減少事故發生時的傷害。本篤當時研究了賽璐珞（塑膠）相關的發明物。他認為利用賽璐珞可以製造出安全玻璃，雖然研究了很長時間，但是始終沒有成果，幾乎就要放棄了。

有一天，一隻貓闖進實驗室東奔西跳弄掉好幾個燒瓶。燒瓶全都破碎，只有一個完好無損，僅僅出現裂痕而已。那是很久以前裝過賽璐珞的燒瓶。賽璐珞乾掉後在玻璃上形成一層膜，所以燒瓶沒有粉碎一地。本篤繼續進行研究，並在1909年申請不破碎玻璃的專利。兩年後的1911年，他在兩片玻璃中間放入賽璐珞膠膜，製成安全的玻璃，命名為「安全玻璃（Triplex）」。安全玻璃不僅用於汽車玻璃，也被應用在眾多領域。

⚙ 汽車前方用夾層玻璃，旁側或後方用強化玻璃的理由

安全玻璃有很多種類。本篤製作的玻璃是夾層玻璃，在兩片以上的玻璃板之間放入塑膠膠膜製成。雖然會有裂痕，但不易碎裂。

強化玻璃是急速冷卻後製成的，耐衝擊且耐熱。破碎時，玻璃會裂成圓角細顆粒，減少碎片損害。

汽車的前後玻璃種類不同。汽車前方主要使用夾層玻璃，避免事故發生時乘客飛出去。旁側或後方使用強化玻璃，讓事故發生時，玻璃可以碎成細顆粒，方便乘客逃生。

玻璃易碎的原因

玻璃雖然堅硬但韌度不足，所以容易碎裂。玻璃的壓應力強，但張應力弱。若對玻璃施加強力，受力的部分會朝施力的反方向拉伸，由於玻璃的張應力弱，便會因此導致破碎。

防彈玻璃

防彈玻璃比安全玻璃更進一步，是以絕對不會破碎為目的而製成的產品。防彈玻璃與安全玻璃的原理差不多，都是在玻璃和玻璃之間放入特殊膠膜和塑膠等材料製作而成，只是防彈玻璃是以多張更厚的玻璃疊合而成。根據防彈效果不同，防彈玻璃的等級也不一樣。一般來說在 5 公尺距離內子彈的話，即可能夠阻擋 3 至 5 發視為防彈玻璃。厚的防彈玻璃其厚度甚至能超過 10 公分。

購物推車

cart

讓人買更多東西的妙計

⚙ 最早的購物工具是購物袋

　　購物是買東西的過程，也包含裝放東西的行為。想要裝好各種物品方便逛來逛去，就必須要有購物車。買家希望能夠輕輕鬆鬆裝放多樣物品，賣家則是希望買方可以裝放更多的物品。

　　當買方與賣方的利益相吻合，購物工具便不斷地推陳出新。最早問世的規格化購物工具是購物紙袋。在美國明尼蘇達州經營食品店的沃爾特・德本納（Walter Deubener，1887～1980）於1912年製作推出。他思考著如何讓客人每次的購買量增加，因此發明了購物紙袋。購物紙袋輕巧又便宜，而且裝得下很多東西。德本納申請專利，以1個紙袋5分錢的價格販售。僅僅3年時間就賣出超過100萬個購物袋，大獲成功。

⚙ 購物推車問世時的名字是「折疊式提籃攜行器」

　　隨著購物文化的發展，購物紙袋也不夠裝了。不知從何時起，超市裡開始提供結實的鐵製購物籃。鐵製提籃雖然能安全地裝放物品，但因為籃子太重，很難提超過一籃以上。希爾文・高德曼在美國奧克拉荷馬市經營名為矮胖子（Humpty Dumpty）的大型超市的連鎖店。看到人們提籃裝滿就不再購物的樣子，高德曼於是思考可以怎麼做才能讓人們買得更多。

　　有一天，高德曼看著折疊椅，然後想到一個主意。他將折疊椅裝上輪子、提籃配置成2層，認為這樣可以裝很多貨品，於是與職員一起投入製作完成產品。1937年當時，該發明命名為「折疊式提籃攜行器（folding basket carriers）」，精確實現了他的想法。購物車大受歡迎，高德曼索性創設購物車公司。如今，購物車已成為美國大型超市不可或缺的工具。近代購物車上設有一個大籃子的造型，也是高德曼在1949年開發而成。購物車上附設的幼兒椅也在1950年代推出。

購物推車收納的祕密

　　雖然購物車可以裝載很多貨品，但也很占空間。顧客拉著購物車移動時沒有問題，但用完後的收納並不容易。美國發明家奧拉·華森（Orla Watson，1896～1983）開發出疊放購物車的方法。他在購物籃後面裝上鏈扣，使購物車得以疊收，而且車形設計是前面稍微窄細些，

讓後方的購物車得以直接插入前方的購物車。這種收納方式也沿用至今。

影印機 copier

利用靜電無限複製

影印機始於濕式複印

分身術是讓自己身體出現多個的技術。影印機是複印相同文書的機器，就像用分身術，產生多張相同內容的紙。

製造蒸汽機的詹姆斯・瓦特（James Watt，1736～1819）在做生意的過程中，往來的信件不計其數。他會製作信的複本另外保存，但這個過程既費工又麻煩。1780年，瓦特在薄紙上用濃墨水寫信，並在上面覆蓋另一張紙，水浸濕後再用滾輪滾壓。信裡剩下的墨水沾在覆蓋的紙上完成複印，這種方式稱為濕式複印，原是詹姆斯・瓦特個人使用的方法，廣為人知後被製作成為正式產品。後來，也發展出像是以化學藥品取代水的濕式複印。

現代影印機是乾式影印機

1938年，切斯特・卡爾森發明不使用水或液體的乾式影印機。畢業於工學院的卡爾森，在電器零件公司工作，經常需要複製文書或圖案。由於使用複寫紙的方式很不方便，他開始開發影印機。成功做出乾式複印的卡爾森向多家公司提議製作產品，但全部遭到拒絕。

好不容易，他得以與相紙公司全錄（Xerox）一起研究，於1950年推出名為「XeroxA」的產品，但由於該產品非自動式的，所以未被廣泛使用。Xerox的名字源自靜電印刷（xerographic），該字採希臘文「乾的（xeros）」和「書寫（-graphia）」

之意。1959年推出的 Xerox914，則是使用一般用紙的自動高速影印機。Xerox914上市後，辦公室正式開始廣泛使用影印機。

⚙ 複印的基本原理是靜電

複印利用的原理是：向某種物質照射光後，受光部分容易通電，不受光的部分則不通電。影印機裡面裝有鋁製圓鼓，把紙放在玻璃板上，照射光後經透鏡反射映照到圓鼓上。光照射的部分會喪失靜電。僅僅有字的部分會留下靜電。在圓鼓上撒上碳粉，靜電殘留之處就會黏上粉末。最後再用熱滾輪壓過後碳粉就會黏在紙上不會掉下來，字跡也就得以留存紙上。

影印機 vs 印表機

兩者在文書上輸出文字的目的相同，但影印機是複製現有文件，印表機是列印新文件，這一點並不相同。

印表機有點矩陣印表機、噴墨印表機、雷射印表機、3D印表機等多種類型。雷射印表機在雷射經過之處產生靜電，碳粉會吸附黏上。透過加熱的感光鼓轉印後，碳粉會固定下來。速度快且碳墨不會暈染，印刷效果清晰。影印機原理與雷射印表機相似。

靜電

靜電指的是不流動而處於靜止狀態的電。物體相互摩擦時大多都會產生靜電。物體上的微小電子在兩個物體之間來回累積產生電能。如果超過限度，瞬間就會通電。乾燥時更容易產生靜電。冬天輕輕擦過棉被時會冒出小火花，還會感覺有點刺痛，或者用塑膠梳子梳頭時頭髮會豎起來，這些現象都是靜電。

靜電也會同時產生火花，可能導致危險情況發生。因此像是在加油站要加油之前，手必須要先碰觸靜電消除器。

靜電是希臘哲學家泰利斯（Thales）在西元前600多年前發現的。他用絨毛摩擦琥珀後，看到絨毛吸引灰塵的現象而記錄下來。

信用卡
credit card

敬不需現金的世界

1888年小說中首次出現信用卡的概念

近年來很多人沒有隨身攜帶錢包。只要備有一張信用卡，不僅可以作為交通卡使用，幾乎所有的商店都可以無現金結帳。最近索性連信用卡都不用帶了，因為智慧型手機就具備付款功能，出示應用程式的條碼或 QR 碼就能結帳。

信用卡的概念，首次出現在1888年美國小說家愛德華・貝拉米（Edward Bellamy，1850～1898）撰寫的《百年回首（*Looking Backward: 2000～1887*）》。在書中，國家為百姓制定個人信用，百姓持信用卡就可在社區的公共倉庫購買所需物品，使用方法與現今的信用卡差不多。

刷卡文化始於賒帳交易

在古早以前，先使用物品或服務，後來再付錢是很自然的生活方式。與社區商店老闆有交情的話，可以商量之後再給錢，先拿走東西。這種行為稱為「賒帳」。常讓客人賒帳的老闆，有時還製作賒帳本來管帳。不只小商店，大企業也做賒帳交易。他們分發認證給被認證是值得信賴的老客戶，持有認證者可以先拿東西，以後再付錢。

❂ 現代信用卡的開始 ──「大來卡」

　　用現代方法將賒帳交易系統化的人是美國企業家法蘭克‧麥克納馬拉。有一天，麥克納馬拉不知道自己沒帶錢包，在紐約一家餐廳吃晚飯時遇到困難。他以這件事為契機，尋找無現金結帳的方法。1950年，他與合夥人一起做了一張卡，如果在簽約的餐廳出示這張卡，可以之後再收錢付款。剛開始，他以周圍認識的人為對象發放卡片，但隨著口碑傳開，會員數大幅增加。麥克納馬拉為這張卡片取名為「大來卡（Diners Club Card）」。

　　最初信用卡是紙製的。由於付款方式倚賴手工作業，相當不便。1971年，美國電腦製造公司IBM開發出讀取磁條的機器，於是帶有磁條的信用卡問世。信用卡付款變得快速又方便，從此廣為普及。近年來信用卡使用的則是安全性經過強化的IC晶片卡。

❂ 認證個人身分的刷臉支付和汽車支付

　　信用卡的根本宗旨是信用，即「信任且託付」。若有可證實個人身分的能力，就能發揮信用卡的作用。人臉是能夠確切證明身分的方式。只要不做整形手術、經常改變容貌，個人的臉型不會改變。智慧型手機也使用人臉作為認證手段。用臉作為支付方式就不需要錢包、智慧型手機、信用卡。在積極使用人臉辨識的中國，刷臉支付也逐漸普及。刷臉支付雖然方便，但也有遭惡意使用作為監視手段的風險。

　　只要提前輸入付款資訊，汽車本身也可以成為巨大的信用卡。進入加油站、停車場、得來速等乘車利用的地方時，得以自動付款。既不必下車，也不必經歷麻煩的付款過程。

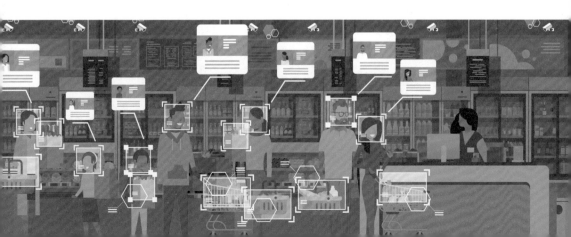

1953年，美國
約翰・赫特里克（John Hetrick，1918～1999）

安全氣囊
airbag

拯救性命的空氣墊

⚙ 空氣看不見，也摸不到

　　空氣很難直接感受到實體的存在，但將空氣聚集起來就能發揮威力。裝有空氣的游泳圈圍在身上，便可輕鬆浮在水面上。氣球或球裡放入空氣便會膨脹成為遊玩器具。鋪上裝滿空氣的氣墊，可以拯救從高處掉下來的人。

　　當行駛中的汽車發生碰撞時安全氣囊就會膨脹開來保護駕駛及乘客。比起只使用安全帶，更能減少受傷的可能。安全氣囊（airbag），顧名思義就是裝入「空氣（air）」的「袋囊（bag）」。當車子碰撞時，空氣會瞬間灌滿氣囊達到緩衝作用。

⚙ 安全氣囊是在1950年代初期開發而成

　　安全氣囊專利的於1951年開始被申請，而在1953年，赫特里克的專利完成了註冊。赫特里克與家人一同乘車時，曾發生因為緊急剎車而差點讓子女在車內被撞傷的情況，有此經驗之後，他覺得設置保護乘客免受碰撞的裝備有其必要。他任職於海軍時，曾經見過魚雷推進時使用了壓縮空氣，因此從中獲得靈感，開發出一款氣囊，可用來減少汽車碰撞時對乘客造成的衝擊。雖然這是有益安全的設備，但汽車公司並不感興趣。

　　轎車開始裝設安全氣囊已是1970年代初期。福特在1971年製造了實驗用安全氣囊汽車。通用汽車（General Motors）於1973年在奧斯摩比（Oldsmobile）品牌的Toronado車款上安裝安全氣囊，首度以一般大眾為對象進行銷售。進入1980年代

後，汽車公司開始爭先恐後安裝安全氣囊，
安全氣囊迅速成為必需的安全裝備。

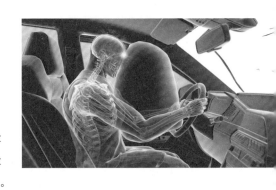

⚙ 保護駕駛員、乘客和行人的安全

　　最初安全氣囊只安裝在駕駛座。現在乘客
座、側面、側面整體、膝蓋處、駕駛座與乘客
座之間、頭部、車頂等多處設置各種安全氣囊。

　　安全氣囊不僅可以保護車上的人，還可以保護行人。行人與汽車相撞時會往引擎蓋
方向撞擊，大多會傷到頭部。而行人安全氣囊會從引擎蓋跳出防止行人頭部受傷。

⚙ 安全但危險的安全氣囊

　　安全氣囊的基本原理是爆發。雖然在碰撞事故中可以保護乘客，但也可能因其
爆發力造成乘客受傷。在行駛的車輛中，若把腿抬放到儀表板上誤使安全氣囊爆發
的話，就有可能會受重傷。

　　為避免引起二次傷害，安全氣囊持續地進化。初期，安全氣囊在衝擊膨脹後不
會排氣。負傷的乘客在被安全氣囊壓住的狀態下，會有受傷或窒息的危險。身材矮
小的兒童，也有因安全氣囊膨脹而受重傷的情形發生。後來出現膨脹力減小的安全
氣囊。接下來發展成兩階段調節的安全氣囊，會在掌握碰撞情況和乘客狀態後，兩
階段調整爆發強度。最新的安全氣囊會透過更多的資訊分析，判斷是否要引爆安全
氣囊、爆發壓力該有多大。

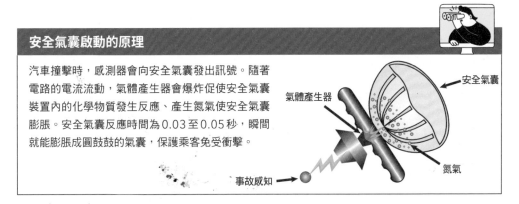

安全氣囊啟動的原理

汽車撞擊時，感測器會向安全氣囊發出訊號。隨著
電路的電流流動，氣體產生器會爆炸促使安全氣囊
裝置內的化學物質發生反應、產生氮氣使安全氣囊
膨脹。安全氣囊反應時間為 0.03 至 0.05 秒，瞬間
就能膨脹成圓鼓鼓的氣囊，保護乘客免受衝擊。

安全氣囊

氣體產生器

氮氣

事故感知

測速照相機
speed enforcement camera

維護道路安全的
看守者

⚙ 拍攝超速或違反號誌車輛的 測速照相機

　　明明只要按照適當速度行駛就行了，但現實並非如此。由於想開快車的慾望、迫切的心情、不想等紅綠燈的焦慮感等各種原因造成許多人開車超速。行駛中的汽車能量很大，如果發生碰撞，能量會化為衝擊造成危險的情況。設置測速照相機的目的是讓駕駛維持適當速度以降低風險。超速或闖紅燈的車輛，都會被拍照罰款。

⚙ 發明測速照相機的賽車手

　　測速照相機是由荷蘭賽車手莫里斯‧加特森尼德所發明。在1950年代，身為賽車選手的加特森尼德為了縮短紀錄，需要測定自己駕駛速度的工具。目的是在決勝負的彎道（corner）上提升速度。

　　當時，人們使用以碼錶測量時間的這種粗糙的方式計時，因此影響比賽結果的情況更加刺激了加特森尼德的開發慾望。加特森尼德決定使用相機測量速度。他在道路上畫上白線，以0.5秒、0.7秒的間隔拍攝行駛的模樣，然後掌握照片中車的位置，求出平均速度。關注測速相機活用性的加特森尼德在1958年創立公司，製造出名為「加特森儀（Gatsometer）」的速度感知相機，即今天測速照相機的起源。

⚙ 測速照相機有固定式和移動式兩種

　　固定式是固定在空中照相，地面上每隔一定間隔會設感測器。速度是指在一定時間內的行駛距離，因此只要透過測量兩個感測器之間的行經時間，就可以測出速度。如果超過一定速度，照相機就會啟動拍下照片。

　　移動式照相機是將相機立放在支架上拍攝，利用的是雷射和都卜勒效應（Doppler effect）。透過發射雷射，再測量雷射撞到車輛後返回時的波長變化量，就能知道速度。

⚙ 讓駕駛長距離遵守限速的區間測速

　　即使有測速照相機，如果駕駛只在照相機前慢速行駛，防制超速的成效就會下降。區間測速具有讓駕駛長距離遵守限速的效果。在長達數公里路段的起點和終點設置測速照相機，測量車輛的進入時間和離開時間，就能得出平均速度。如此一來，駕駛便只能遵守限速。

限速

道路上有限速標誌板。這是告知駕駛請以符合道路條件之適當速度行駛的標示。如果在學校前方道路上看到一個圓圈內寫著 30 這個數字，就表示這裡是兒童保護區，時速勿超過 30 公里，因為在兒童會行走的路上快速行駛是很危險的，所以必須減速。

德國高速公路（Autobahn）有不限速路段，相當於整體 1 萬 3000 公里的三分之二。在不限速路段可以盡情奔馳、不必擔心測速照相機。

都卜勒效應

光或聲音都是以波浪般的波動行進。如果聲音或光撞到移動中的物體，波動的形狀就會被改變。例如，鳴笛駛來的車聲，會依照聽到的距離不同，聲音聽起來也變得不一樣。移動式照相機發射的雷射撞到移動中的車輛後反射回來時，波動會有所不同，利用其差異便可以計算速度。

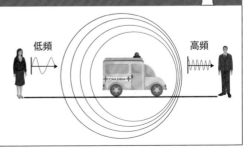

低頻　　　　　高頻

1959年，瑞典
尼爾斯・波林（Nils Bohlin，1920～2002）

三點式安全帶
3-point safety belt

乘車時務必繫上的救命繩

⚙ 安全帶可以減少傳遞給乘客的動能

搭乘雲霄飛車時，出發前有一件必做的事，那就是繫上安全帶或設置安全握把。如果不想從上下左右快速移動、甚至有時會倒過來的雲霄飛車上掉下來，就必須繫上安全帶。坐車的時候也一樣。雖然平時不像雲霄飛車般會不規則移動，但發生事故的話，沒有人知道車子動的方向會怎麼變化。法律規定，行駛任何道路都要繫上安全帶，包括後座也是。

行駛的物體會產生動能。重量和速度平方成正比，汽車重又快，動能也相當龐大。碰撞後動能會傳遞到車內。安全帶首先可以減少碰撞時傳遞給乘客的動能，並防止車輛內部結構與人的撞擊。不繫安全帶，死亡的風險比繫安全帶時高出11倍。

⚙ 安全帶首次被使用是在飛機上

安全帶是在19世紀中，被譽為飛機之父的工程師喬治・凱利（George Cayle，1773～1857）為固定乘坐滑翔機的飛行員而製作的。最初獲得專利的安全帶是在1885年由美國人愛德華・克萊格霍恩（Edward Claghorn，1856～1936）所發明。製作目的不是專門用於交通工具，而是為了將人固定在物體上，或是為在高處使用吊繩工作的作業人員維護安全。

⚙ 1902年，車用安全帶首度用於電動賽車

1902年，能源技術公司貝克（Baker）製造的電動賽車 Torpedo 是首度使用安全帶的車輛。公司創辦人沃爾特‧貝克（Walter Baker，1868～1955）與工程師一起乘車測試速度時遭遇事故，但由於有安全帶，兩人都得以保住性命。直到1930年代為止，部分賽車手也私下使用安全帶。

⚙ 安全帶的進化

進入1930年代，幾家汽車公司推出雙點式安全帶作為選配。兩點式安全帶採收緊腰部的方式。支撐之處為兩處，所以稱為兩點式安全帶。從1940年代後期開始，部分企業採用兩點式安全帶作為基本裝備。

兩點式安全帶不足以保護上半身。包覆腰部延伸到肩膀的三點式安全帶，是由瑞典公司富豪汽車（Volvo）於1959年開發。富豪汽車委託飛機安全技術人員尼爾斯‧博林（Nils Bohlin）進行開發。富豪汽車將三點式安全帶裝置在 Amazon 和 PV544 這兩款車上。後來，三點式安全帶的卓越性廣為人知，其他汽車公司也陸續跟進使用。作為汽車重要安全裝備的三點式安全帶至今依然是汽車的標準配備。三點式安全帶的樣式雖然沒有改變，但其技術不斷地進步。

預束（pretensioner）功能是感知到碰撞後瞬間收緊安全帶，將乘客的身體牢牢固定在座椅上。

負載限制器（load limiter）可以解開勒緊的安全帶。持續收緊的話可能反而會受傷，所以往反方向鬆開以減少衝擊。

另外也有安全帶與安全氣囊合二為一的產品。汽車公司福特（Ford）開發的安全帶安全氣囊在發生事故時，安全氣囊會在安全帶上膨脹保護乘客。

安全帶運作的原理

安全帶平時寬鬆，但遇到緊急剎車時會固定不動。在安全帶本體內，齒輪轉動時會將安全帶鬆開或拉緊。齒輪上裝有重錘，如果車向前傾斜，重錘也會根據慣性向前移動。重錘上的止動鎖扣上齒輪，便可以固定住安全帶。

高鐵
high-speed rail

降到鐵道上的飛機

⚙ 火車與汽車／飛機不同，只要具備基礎設施，就有提升速度的空間

　　從台北到台東，坐車需要6個小時，坐火車需要4小時30分鐘，坐飛機需要1小時。交通速度越快，剩下的時間就能投資到其他事情上。提高交通工具的速度有助於節省時間，但不能盲目加速。提升速度是有風險的，而且必須具備能快速行駛的設施。汽車和飛機在一般情況下能夠提高的速度有一定程度的限制。火車不一樣，只要有基礎設施的支撐，速度可提升的空間很大。火車是長途移動的主要交通工具，但隨著汽車普及和飛機的發展，火車的使用率逐漸下降。火車開始提高速度，於是高鐵出現，鐵路交通工具的競爭力也提升了。

⚙ 世界上最早開通商用服務的高鐵 —— 日本新幹線

　　各國對高鐵的定義標準不一。通常時速達200公里以上就稱之為高鐵。隨著技術發展，高鐵的速度加快，也有以時速250公里以上來定義的。

　　為配合1964年東京奧運會的舉辦，時速210公里的高鐵開始在日本東京和新大阪之間的515.4公里區間內行駛。搭乘特快列車的所需時間從6小時40分鐘縮短為4小時。經過改良作業，次年又縮減到3小時10分鐘。後來，法國、德國、中國等世界多國也陸續引進高鐵。技術持續發展，現在輪軌高速列車已經發展到時速350公里以上的水準。韓國在2004年以KTX之名開啟高鐵時代。最高時速為300

公里，從首爾到釜山只需
要2小時15分鐘。

日本新幹線

🏵 世界上最快的高鐵
—— TGV

　　火車是在鐵軌上行駛
的。車輪和鐵軌需要相互
接觸的狀況下速度無法無
限提高。磁浮列車靠磁力
使列車懸浮後行駛，少了
車輪的阻力，就更能提升速度。日本的磁浮列車
在行駛測試中的時速紀錄達到603公里。目前，
具備車輪的輪軌高速列車的最高速度紀錄為法國
TGV所創，時速達575公里。

火車速度概念

平均速度　運行距離除以運行時間所
得的速度，不包括停車時間

表定速度　包含停車時間的平均速度

最高速度　最快能夠行駛的速度

均衡速度　不受通過曲線時所產生的
離心力影響的速度

設計速率　在確保列車的推進性能和
行駛穩定性的情況之下可行駛的最高
速度

最大運轉速率　列車營運時可行駛的
最高速度

減少空氣阻力和隧道微壓波的流線型車頭

高鐵車頭又薄又長。雖然有些車頭看起來光滑美觀，但也有像鳥喙般奇怪的車型。像魚或鳥喙般的
車型是前端為曲線、尾端為越來越尖的流線型車頭，目的是為了減少空氣阻力和隧道微壓波。
隧道微壓波也是一種噪音，稱作隧道微壓波噪音（micro-pressure wave noise），即車輛經過隧
道時，被壓縮的空氣衝出時發出的聲音。為了減少空氣被壓縮的現象，車輛前方設計得細長。

1990年，日本
馬自達汽車（Mazda）

GPS導航

GPS navigation

代為找路的地圖祕書

⚙ 車用導航是幫忙找路的裝置

辛苦的工作都有人代勞該有多好。希望麻煩的家務有人幫忙做、困難的考試有人幫忙考、工作多的時候有人幫忙分擔，我們常有這些迫切的想法。在技術發達的現代社會，許多滿足這類願望的工具和裝置問世，包括幫忙洗衣服的洗衣機、幫忙洗碗的洗碗機、代為計算複雜數字的計算機、提高工作效率的電腦等。

找不到路時導航可以代替我們找路，將找到的路徑顯示在畫面上的地圖裡。導航利用 GPS 定位掌握現在位置。並且能以掌握到的位置為基準，計算速度、找出通往目的地的路。

⚙ 從 1920 年代的 Routefinder 到 2000 年代的智慧型手機
—— 車用導航的歷史

車用導航的歷史可以追溯到 1920 年代。1920 年出現了在手錶式裝置上插入小小的地圖卷軸，用手轉著看的「Routefinder」。

1930 年推出安裝在汽車儀表板上的 Iter Avto 產品。該系統裡頭有卷軸地圖，採地圖按照車速移動的方式運作。

現代導航的開端是 1981 年本田汽車製造的電子陀螺儀（Electro Gyro-Cator），使用陀螺儀和透明塑膠片的地圖標示道路。

1985 年，美國汽車用品公司 Etak 推出利用電子地圖的導航系統。使用的航位

推算法是將地圖資訊存入卡帶，利用電子羅盤和附著車輪上的感測器來預測抵達地點。

　　1980年代中期，隨著利用衛星掌握位置的GPS向民間開放，導航系統迎來重大轉折點。

　　1990年，馬自達Eunos Cosmo車型首次搭載利用GPS的導航系統。

　　隨著2010年前後智慧型手機的普及，智慧型手機作為導航機器的方式越來越受歡迎。

⚙ 導航技術的進化

　　利用3D成像可提高現實感，使用擴增實境（AR）可在實際道路上顯示各種資訊。引進語音辨識技術，用聲音就能操作。不只是駕駛，汽車也可以善用導航資訊。像是進入隧道前自動關閉打開的窗戶、進入彎道前提前減速安全行駛、利用地形高低的資訊，調節速度和力道來減少燃料的消耗。當汽車會自行行駛的自動駕駛時代到來時，導航系統將更加重要。

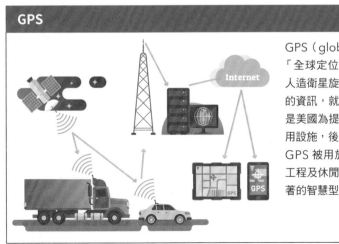

GPS（global positioning system）是「全球定位系統」，太空中有24顆GPS人造衛星旋繞著地球。接收人造衛星發出的資訊，就可以掌握在地球上的位置。原是美國為提高轟炸時的準確度而開發的軍用設施，後來開放給民間使用。
GPS被用於導航、地圖製作、大型土木工程及休閒活動等各種領域。我們手裡拿著的智慧型手機裡也有GPS。

新發明物 加速未來社會的到來

⚙ 無需洗衣機的衣服

　　洗衣機雖然方便，但必須使用洗衣精，而且用水量大，對環境造成不良影響。由於是用電力運轉，還會浪費能源。衣服不髒的話，也不是非洗不可。在布料塗上特殊塗層，或使用防止髒汙黏附的結構就可做出不會弄髒的衣服。人們持續嘗試開發無需洗滌的衣服，像是會自行分解汙垢的特殊衣物塗料、曬太陽汙垢就會消失等。被譽為人類歷史上重大發明物之一的洗衣機，說不定也會有消失的一天。

⚙ 掃地機器人

　　迎來自動化時代，真空吸塵器也推出無需親自提著走的產品。瑞典家電公司伊萊克斯（Electrolux）在2001年首次推出名為「三葉蟲（Trilobite）」的掃地機器人。由於價格昂貴、性能低於期待，所以沒有普及。現在技術發達，性能卓越的各種掃地機器人問

世。掃地機器人會自行來回走動進行清掃。機器上的感測器會判斷打掃空間的面積和時間，以最有效率的路線吸塵。

⚙ 點字智慧型手錶

　　運用點字的電子機器也出現了。智慧型手錶是其中之一，由韓國企業開發，彌補了先前產品又大又貴的缺點。液晶畫面上附有24個點字錶針，按照不同功

能，錶針會上凸形成點字。透過藍牙與智慧型手機連接，就可以用點字讀即時訊息和提醒通知等，也可以使用導航、計時器或碼錶功能。除了點字智慧型手錶外，平板電腦、個人電腦、智慧型手機也有與點字結合的產品問世。

⚙ 上下左右移動的電梯

　　一般認為電梯只能上下移動，但其實方向沒有限制。只是技術複雜無法實踐。在2010年代中期已出現能上下左右移動的電梯的概念，並且正在進行開發。上下左右移動的電梯不會吊在電纜上升下降，而是裝有馬達，像在火車鐵軌上行駛一樣，往上下左右方向移動。以少量台數就能達到安裝多台的效果，這對建築結構或建築方法都會帶來重大影響，人們等待電梯的時間也會減少。2005年上映的電影《巧克力冒險工廠（Charlie and the Chocolate Factory）》中出現無電纜而上下左右移動的玻璃電梯，電影的想像世界成為現實之日已不遠矣。

⚙ 自動駕駛的購物車

　　現在可以不用邊走邊推購物車了。正如汽車的自動駕駛技術一樣，購物車也適用此技術。購物車會告知顧客商品的位置，或自動跟著顧客前行。並且能偵測放在購物車內的東西，告知顧客結帳金額。購物結束後也會自動回到存放處。

⚙ 擴增實境導航

　　擴增實境是在實際情況中重現虛擬環境的技術。例如在擴增實境遊戲《精靈寶可夢 GO（Pokémon GO）》中，顯示在遊戲畫面上的現實環境會出現遊戲角色，讓人陷入彷彿遊戲角色在現實中活靈活現的錯覺。擴增實境導航會標記顯示道路資訊。一般導航在裝置畫面中顯示道路，但擴增實境是在透過擋風玻璃觀看的實際視野中，顯示地圖資訊來指引道路。

第 4 章

讓生活更健康

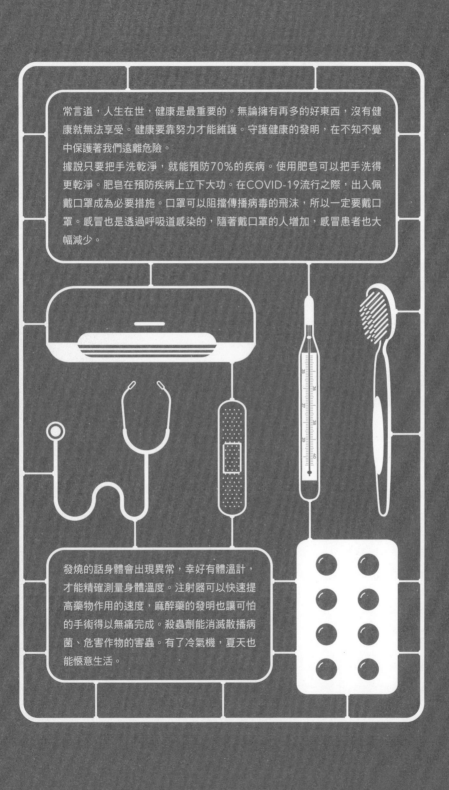

常言道，人生在世，健康是最重要的。無論擁有再多的好東西，沒有健康就無法享受。健康要靠努力才能維護。守護健康的發明，在不知不覺中保護著我們遠離危險。

據說只要把手洗乾淨，就能預防70%的疾病。使用肥皂可以把手洗得更乾淨。肥皂在預防疾病上立下大功。在COVID-19流行之際，出入佩戴口罩成為必要措施。口罩可以阻擋傳播病毒的飛沫，所以一定要戴口罩。感冒也是透過呼吸道感染的，隨著戴口罩的人增加，感冒患者也大幅減少。

發燒的話身體會出現異常，幸好有體溫計，才能精確測量身體溫度。注射器可以快速提高藥物作用的速度，麻醉藥的發明也讓可怕的手術得以無痛完成。殺蟲劑能消滅散播病菌、危害作物的害蟲。有了冷氣機，夏天也能愜意生活。

抽水馬桶
toilet bowl

衛生的排泄物處理

🌐 全世界有三分之一的學校沒有廁所

現今因排泄物引起的衛生和疾病問題依舊很嚴重，美國電腦軟體公司微軟前總裁，也曾是世界首富的比爾·蓋茲多年來一直投入鉅資改善廁所、努力解決問題。全世界人口中，45億人生活在沒有廁所或難以安全管理排泄物的環境中。在野外便溺的人口也有9億人。18億人使用很可能被糞便汙染過的水作為飲用水。全世界有三分之一的學校內沒有設置廁所。雖然我們生活在尖端科學技術發達的時代，但廁所問題仍是現在進行式。

⚙️ 1596年製造的現代抽水馬桶

現代的抽水馬桶是1596年由英國人約翰·哈林頓爵士所製造的。結構組成為水箱和便座，還有將水送到水箱的把手、讓排泄物流到糞便桶的閥門。哈林頓爵士製作了兩個馬桶，一個獻給女王，另一個裝在自己家裡。

1775年，英國手錶製造工人亞歷山大·康明（Alexander Cumming，1733～1814）申請了沖水馬桶的專利。他的馬桶雖與哈林頓爵士製作的相似，但設有 S 型存水彎。存水彎是安裝在下水管道或排水管的彎管。將排水管彎成 U 字形的 S 型存水彎一直會是存滿水的狀態，所以氣味不會飄上來，發揮防臭的重要作

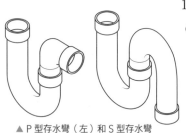

▲ P 型存水彎（左）和 S 型存水彎

用，現今依然被用於沖水馬桶。

1778年，英國發明家約瑟夫·布拉馬（Joseph Bramah，1748～1814）推出將康明製作的馬桶加上閥門裝置的新產品。布拉馬的馬桶廣受好評，被公認是實用現代抽水馬桶的開始。

WC 的由來

表示廁所的用語有很多種，WC也是其中之一。雖然看似眼熟，但人們多不清楚它是什麼的縮寫。約翰·哈林頓爵士製作馬桶，將之命名為「使用水的房間（Water Closet）」，縮寫標示為 WC。

⚙ 捲筒衛生紙

廁所和衛生紙是密不可分的關係。發明廁所用包裝衛生紙的人是美國企業家約瑟夫·蓋耶堤（Joseph Gayetty，1827～？）。1857年，他製作出從盒子裡抽取使用的衛生紙。捲筒衛生紙則再晚一點才問世。1891年，美國一名平凡的公司職員賽思·惠勒（Seth Wheeler，1838～1925）取得專利。他在長紙上打上小洞形成一條切線，再捲起來完成捲筒衛生紙。由於買廁所用衛生紙的行為讓人感到難為情，所以捲筒衛生紙剛推出時並未引起太大關注。隨著沖水式廁所的普及，捲筒衛生紙也開始被廣泛使用。

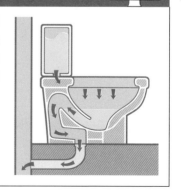

虹吸原理

從馬桶流下來的水，會沿著倒過來的 U 字形水管流動。如果馬桶的水一下子流下去，水會湧入 U 形管增高管內壓力，再加上空氣的壓力，水沿著 U 形管向上升一次又下降。髒水都流走後，最後只剩下一點清水。虹吸原理是利用壓力差使水往上流，在高處的水又被空氣壓出去。排出魚缸的水時，也是利用虹吸原理。

（牙刷）1780年代，英國	（牙膏）1881年，美國
威廉·艾迪斯（William Addis，1734～1808）	華盛頓·雪菲爾德（Washington Sheffield，1827～1897）

牙刷&牙膏
toothbrush & toothpaste

人類每天
不可避免的課題

⚙ 西元前3500至3000年左右使用樹枝牙刷

吃東西一定要刷牙。不好好刷牙或經常沒刷導致蛀牙就非得去看牙醫。如何才能輕鬆刷好牙是人們經常苦惱的問題。

從很久以前，人們就用各種方法刷牙。西元前3500至3000年左右，埃及人和巴比倫人將樹枝末梢修剪後用作牙刷。說是牙刷，其實更像是牙籤。除此之外，人們也曾用手指或布等各種工具刷牙。棍棒上接著毛的牙刷型態是在15世紀的中國開始出現，當時以動物骨上植入野豬毛作為牙刷使用。

⚙ 牙刷產品在1780年代推出

英國人威廉·艾迪斯入獄後，一直苦惱著如何清潔牙齒。有一天，他看到吃飯剩下的骨頭想到一個好點子。他拔下掃帚毛插在骨頭上完成牙刷。艾迪斯出獄後用野豬的毛做成牙刷販售。由於用動物毛做的牙刷太貴，所以沒能普及。1938年，杜邦公司利用尼龍開發出便宜的牙刷毛。隨著價格下降，牙刷很快就造成熱賣。

⚙ 牙膏的材料各式各樣

西元前5000多年前，埃及人磨碎雞蛋、牡蠣殼、石頭或動物骨頭等東西來刷牙。據說古羅馬曾經使用尿液，認為尿液中的氨成分會溶解沾在牙齒上的雜質。中

國人把柳樹削成牙籤般使用，認為樹枝中有具消毒效果的成分。鹽或沙子也曾被作為牙膏使用。

⚙ 自動刷牙的電動牙刷

電動牙刷是利用電力旋轉刷頭的部分來刷牙。只要貼在牙齒上，就會自動刷拭，比手動牙刷更方便。電動牙刷是1954年瑞士的菲利普・蓋伊・伍格（Philippe-Guy Woog）博士所製造，專為手腳不便的老人、身障人士或配戴矯正器的人開發的產品。使用時必須插電。現代的可攜式電動牙刷是美國大企業奇異公司在1960年代所開發。

發明早於管狀牙膏的管狀顏料

管狀顏料是1841年由美國肖像畫家約翰・蘭德（John Rand，1801～1873）所發明。在管狀顏料問世之前，沒有能將顏料帶出門的方法，所以想在野外畫畫並不容易。這也成了能夠隨處自由畫畫的美術思潮之一，印象主義誕生的契機。管狀顏料問世後，接著又出現了管狀面霜、管狀牙膏，管狀產品開始魚貫而出。

氟

牙膏能預防齲齒都是多虧了氟。吃過東西後，細菌會產生溶菌斑（plaque）物質，而溶菌斑會破壞牙齒。氟可以防止細菌產生溶菌斑。

肥皂 soap

乾淨生活的開始

肥皂名字的由來

肥皂的英文是 soap。古羅馬時代在名為 Sapo 的山丘上焚燒野獸祭神。焚燒時產生的油和灰燼混合後流入河裡。在河邊洗衣服的女人們發現，利用該混合物洗衣服的話衣服可以洗得很乾淨。因為是從 Sapo 山流下來的物質，因此被稱為 soap。

使人類平均壽命延長 20 年的肥皂

COVID-19流行時，反而感冒患者一下子減少，這是人們佩戴口罩、勤洗手的緣故。據說，只要好好洗手，就能避免罹患70%的疾病。由此可見，洗手時使用的肥皂何等重要。

肥皂的歷史可以追溯到西元前2800多年前的美索不達米亞時代。據說蘇美人會煮山羊油和木灰做成肥皂。第一本記錄肥皂的書是1世紀左右羅馬學者老普林尼（Gaius Plinius Secundus）撰寫的《博物志（*Naturalis Historia*）》。上面記載著肥皂由高盧人所發明，用樹脂和灰製成。後來雖然出現各式各樣的肥皂，但由於是僅限少數階層使用的奢侈品，未能普及。

現代肥皂是1790年法國外科醫師、化學家尼古拉・勒布朗所製作。他發現利用鹽、石灰石和木炭來便宜製作出肥皂材料「鹼」的方法。後來肥皂普及。隨著肥皂的使用增加，歐洲人們的平均壽命延長了20年。

⚙ 肥皂的成分與原理

　　肥皂是用油與鹼性成分混合製成。如此做成的肥皂，成分變成親水又親油。原本水和油難以相混。手上沾了油用水洗不容易去除，不過用肥皂洗的話，由於內有親油的成分，所以油髒汙會脫落。肥皂也親水，所以脫落的髒汙會被水洗掉。

浮在水面的肥皂

象牙皂（ivory soap）是生活用品公司寶僑（P&G）的代表商品。象牙皂是第一個能浮在水面的肥皂。過去做出來的肥皂因為太重了都沉在水裡，在浴池或野外使用時，如果不慎掉落就很難找回。

象牙皂源於一名員工的失誤。由於機器運轉時間過長，意外製作出內含大量空氣的不良品。還在煩惱著該如何處理時，卻因能浮在水面上而大受歡迎。該產品就是象牙皂。

肥皂會起泡的原因

泡泡是空氣混在固體或液體中而產生。肥皂成分親水也親油，換句話說，肥皂兼具親水和不親水兩種性質。其成分的分子有親水端，以及親油的疏水端。親水端會往水靠攏，疏水端則為遠離水而朝向空氣移動。當疏水端包住空氣時，就會產生泡泡。

1796年，英國
愛德華・詹納（Edward Jenner，1749～1823）

疫苗 vaccine

以牙還牙，以病菌還病

⚙ 人到死為止要打10餘種預防針

人出生後會打好幾次預防針，種類達10餘種。當重大傳染病擴散時，也必須接種疫苗。COVID-19病毒流行之際人們也施打疫苗。看來想要不生病的話，就得接種疫苗。每年流感流行之前，也會呼籲大家預先打好疫苗。疫苗在我們體內有何作用呢？

⚙ 人類最初也是唯一征服的傳染病 —— 天花

人類還沒有辦法征服傳染病，新的傳染病層出不窮。人類最早征服的傳染病是天花。天花是由天花病毒引起的傳染病。病毒種類分為主天花病毒和次天花病毒兩種。感染主天花的人會發燒出疹，死亡率達30%。1960年，天花從韓國絕跡；1977年，索馬里亞出現最後一例患者；1980年5月，世界衛生組織宣布天花從地球上完全消失。天花是人類最初也是唯一征服的傳染病。至今依然有許多傳染病威脅著人類。

天花和牛痘是類似的病，天花是人會得的病，牛痘是牛和人都可能得的病。英國科學家愛德華・詹納發現，擠牛奶的女工們染過牛痘，卻不會得天花。當時，如果感染天花，10人中有4人死亡。1796年，詹納從女工身上取了牛痘分泌物，接種到一名孩子身上。6週之後，又向那孩子接種天花患者的分泌物，但孩子沒有得天花。詹納用牛痘戰勝天花的接種法，也稱為種痘法。

🏵 疫苗是已死亡或毒性較弱的病菌

疫苗的原理從西元前已為人所知，但直到實際應用，歷經很長一段時間。首位使用「疫苗（vaccine）」一名的人是路易・巴斯德（Louis Pasteur，1822～1895）。1880年左右巴斯德注意到：把家禽霍亂菌放置幾天後再注射到雞身上，雞竟沒有得病。毒性減弱的霍亂菌可以培養免疫力。巴斯德於是將減弱的病菌命名為疫苗（vaccine）。在拉丁文中，vacca 是牛的意思，如此取名是為了紀念詹納接種牛痘的事績。

疫苗可以說是假病菌。弱化的病原菌進入我們的身體後，雖然無法引發疾病，但身體會把它判定為真的病原菌，預先防備。如果先用疫苗來培養免疫力，實際病原菌侵入身體時，免疫系統就會做出反應、消除病原菌。

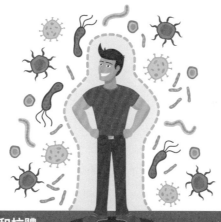

免疫反應 —— 抗原和抗體

免疫反應　我們的身體為了戰勝從外部進入體內的新物質，會自體產生抵抗力，這個過程稱為免疫反應。

抗原　抗原是引起免疫反應或產生抗體的異物，可視為不良入侵者。

抗體　抗體是識別特定細菌或病毒，即識別抗原的蛋白質，扮演抵禦入侵者的護衛角色。遇到危險情況時，我們的身體會製造抗體，保護身體免受危害。

聽診器
stethoscope

透過聲音判斷
身體健康

⚙ 能夠聽見心肺聲的聽診器

　　人的體內是看不見的，所以治病並不是件容易的事，必須儘量從人身上獲取資訊。體內發出的聲音也是治病的重要線索。聽診器是可以大聲聽見體內聲音的簡單工具，透過心臟和肺的聲音，便可掌握病人的狀態。雖然現今醫療技術已發展到可以清楚看見人體內部，但聽診器依然扮演醫師基礎裝備的重要角色。聽診器也被稱作「醫生的眼睛」。

⚙ 聽見人身體裡的心跳聲、血流聲、呼吸聲等各種聲音

　　從很久以前，醫生們就對聲音非常在意。用耳朵聽診是從古希臘開始使用的古老方法：把耳朵貼在病人身上聽聲音進行診斷。但聽診必須把耳朵直接貼在病人身上很不方便，而且不易聽到較為肥胖的病人的聲音。為女性病人看診時，也常發生尷尬的情況。

　　法國醫生何內・雷奈克感受到聽診器工具的必要性，在1816年發明了聽診器。他製作的聽診器是直徑2.5公分、長25公分的空心木桶形態。他在遊樂場看到孩子們各自把木棍貼在耳朵上說話，從中得到靈感。他把紙捲起來放在心臟病患者胸前，聲音極為清晰。了解其原理後，雷奈克用木頭製作聽診器。雙耳聽診器是1852年居住美國紐約的內科醫生喬治・菲利普・卡曼（George Phillip Cammann，1800～1882）在1852年所發明，後來成為醫生的代表裝備。

⚙ 高科技聽診器

　　自從不用耳朵聽也能知道病人狀態的設備問世之後，聽診器的使用率比以前下降許多。雖然如此，高科技聽診器的出現依舊對於診療有所幫助。電子聽診器可錄下病人的心跳次數，重新播放且傳送到電腦上。裝上 LCD（液晶顯示器）窗，還可以用眼睛確認資訊，或與智慧型手機連動，方便查看資訊。

⚙ 用手敲擊的叩診

　　叩診是用手敲擊試探的診察方式。用手指敲擊身體，觀察聲音或反應來判斷病人的狀態。這是由奧地利醫生奧波德・奧恩布魯格（Leopold Auenbrugger，1722～1809）在18世紀發明的。他想到小時候曾看過人們為確認酒桶裡剩下的酒量，而用手敲擊酒桶的情景，因此想出這個方法。這與買西瓜時會敲打西瓜確認狀態的原理是一樣的。

聽診器原理

聽診器有收集體內聲音的集音器。聲音是透過振動來傳達的，身體發出的聲音弄響振動膜，振動經管子傳達，透過耳竇傳到診察者的耳朵裡。

口罩
mask

空氣與人之間的
安全屏障

保護我們身體的口罩躍上舞台

COVID-19席捲全球。若是不想被感染，就得勤洗手、戴口罩。除了在家時，一整天在外都得戴著口罩。口罩可以防止病毒傳播。咳嗽時，口水或鼻涕等飛沫也可能傳播病毒，這時口罩便可以防止感染，也能切斷病毒經手傳到口的過程。

從數年前起，隨著懸浮微粒頻頻飆高，必須戴口罩的日子增多。在懸浮微粒發生之前，也由於沙塵暴的緣故，空氣中的灰塵量經常暴增。戴上口罩可以防止呼吸時異物進入身體。人必須呼吸才能生存，但得呼吸乾淨的空氣。口罩是篩除異物的過濾器，具有淨化空氣的功能。

在冬天人們也會戴口罩禦寒。

口罩種類繁多，材料與用途各有不同。根據製作材料，口罩可分為棉質或不織布口罩；依用途則可分為醫療用或防塵口罩。

防護口罩源於古希臘時期

防護口罩的起源可以追溯到古希臘。當時戰爭時以煙燻方式消耗敵軍戰力，據說希臘人會用海綿來過濾濃煙。也聽說在羅馬曾使用動物膀胱來過濾礦山的灰塵。與現今口罩相似的產品，則是1836年由英國醫生朱利斯·傑佛瑞斯所發明，當時是為了協助肺病患者呼吸而製作，可用來調節空氣的溫度和濕度，又名「呼吸器（Respirator）」。

❀ 懸浮微粒飆高時使用的醫用口罩一般是3層

醫用口罩一般是3層。中間那層是靜電過濾網。靜電過濾網是由細密的纖維組成，可以過濾灰塵、釋放出靜電吸引微小粒子。

生活中使用了各種型態的過濾器。雖然不顯眼，但不勝枚舉。需要乾淨空氣的地方會安裝過濾器，汽車或家中使用的空調也會裝設。過濾網上堆積灰塵的話，過濾能力會下降，必須清理或更換。

懸浮微粒飆高時，佩戴的口罩主要是醫用口罩。在韓國，醫用口罩有 KF80、KF94、KF99。KF 是「韓國過濾網（Korea Filter）」的縮寫，意指獲得韓國食品醫藥品安全處的認證。80是可過濾掉80%的0.6微米大小的粒子，94是可過濾掉94%的0.4微米大小的粒子，99是可過濾掉99%以上的0.4微米大小的粒子。微米（micrometer）是長度單位，意指1/1000公釐（mm）。

最早的口罩城市

1918年，美國開始出現西班牙流感，全世界有5000多萬人喪生。為了不讓流感擴散，舊金山強制要求民眾佩戴口罩，且因此獲得「口罩城市」之名。

我們身體的過濾器 —— 鼻毛

鼻孔內部有黏膜包圍，以及纖毛保護鼻孔。對於人體，鼻毛的功用就是過濾。呼吸將空氣吸入身體時，鼻毛會過濾掉空氣中的異物。空氣中混雜著灰塵、黴菌、細菌等各種物質，而人一天吸進的空氣量達1萬公升。鼻毛可過濾大小5微米左右較大的顆粒。鼻毛無法過濾的小顆粒則由口罩負責過濾。

麻醉
anesthesia

走進沒有疼痛的世界

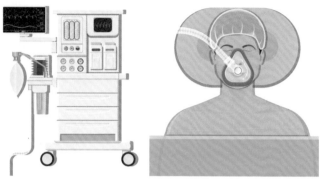

⚙ 19 世紀初期開始使用麻醉劑

　　麻醉劑是直到相對近代的 19 世紀初才問世。在此之前，麻醉的方法有各式各樣，例如使用從大自然中取得的麻醉性物質、用冰塊或冰水暫時麻痺治療部位、打病人頭部使之暈厥後再進行手術等。但這些都無法真正作為麻醉的手段，有的人痛到生不如死。實際上也有人在手術過程中休克死亡。

　　麻醉分為經由呼吸道投藥的吸入麻醉和從血管注入藥物的靜脈麻醉。注射器在 1853 年才問世，所以是吸入麻醉先發展起來的。後來開發出氧化亞氮、乙醚、氯仿等多種麻醉劑。三種之中，使用至今的麻醉劑是氧化亞氮。

⚙ 被稱為笑氣的氧化亞氮

　　英國化學家漢弗里・戴維（Humphry Davy，1778～1829）在 1799 年發現，吸氧化亞氮會讓人發笑。戴維將氧化亞氮稱為「笑氣」。當時笑氣主要用於社交場合。

　　1844 年，美國牙科醫生霍勒斯・威爾士（Horace Wells，1815～1848）參加社交聚會時，看到吸笑氣的人撞到椅子受傷也不覺得痛，一直笑個不停。他認為笑氣可以減輕疼痛，所以把笑氣用於牙科治療。

作為迷幻藥的乙醚

另一位牙科醫生威廉・莫頓（William Morton，1819～1868）經哈佛大學教授查爾斯・傑克遜（Charles Jackson，1805～1880）介紹得知乙醚具有麻醉效果。他使用乙醚進行拔牙手術來確認效果後，1846年在切除病人頸部腫瘤的公開手術中，再次使用乙醚作為麻醉劑。隨著手術成功，乙醚也被廣泛用作麻醉劑。

在莫頓之前，外科醫生克勞福德・朗（Crawford Long，1815～1878）已相當關注當時作迷幻藥使用的乙醚。雖然他用乙醚作為麻醉劑成功完成手術，但並未向外界告知。威爾士、莫頓、傑克遜、朗四人之間，曾激烈爭論究竟誰先使用乙醚作為麻醉劑，但至今並未得出明確結論。

發現有毒物質的氯仿

英國婦產科醫生詹姆斯・辛普森（James Simpson，1811～1870）主張乙醚會引起嘔吐等副作用並不適合產婦，所以開始尋找新的麻醉劑。他找到一種叫做氯仿的物質，在產婦生產時用作全身麻醉劑。據悉，氯仿從1831年起被眾多科學家發現。

1853年，麻醉科醫生約翰・斯諾（John Snow，1813～1858）在維多利亞女王分娩時使用氯仿。隨著手術成功，氯仿開始被廣泛用作麻醉劑。後來，從諸多症狀和實驗中，發現氯仿具致癌性，現在許多國家禁止氯仿用於化妝品和藥品。

舒眠麻醉 vs 局部麻醉 vs 全身麻醉

舒眠麻醉 透過靜脈注射讓病人入睡的方法。病人能夠自己呼吸，也會無意識地對外部的刺激做出反應。

局部麻醉 只針對手術部位使用麻醉劑，讓人感覺不到疼痛的方法。病人不會失去意識。

全身麻醉 主要在進行外科手術時使用的方法。透過呼吸道或靜脈進入的麻醉劑順著血液移動到大腦，使大腦功能暫時減弱。大腦會變得遲鈍，處於沒有意識和感覺的狀態。被麻痺的是中樞神經系統。脊椎動物的中樞神經系統為神經系統集中的大腦和脊髓。病人此時會沒有知覺甚至無法自行呼吸，因此必須使用呼吸器。

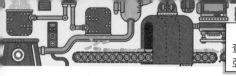

1853年，法國／英國
查爾斯・帕瓦茲（Charles Pravaz，1791～1853）、
亞歷山大・伍德（Alexander Wood，1817～1884）

注射器
syringe

痛，但效果快

⚙ 比起塗抹皮膚或口服的藥，用注射身體吸收速度更快

「不能吃藥嗎？」許多人都曾經害怕打針而希望以吃藥取代。人們對注射器的記憶大多不佳，只記得疼痛。打針雖然痛但有其優點。比起塗抹在皮膚上或口服的藥，打針是直接將藥物放入體內，身體吸收的速度更快。

現代使用的注射器始於1853年法國外科醫生查爾斯・帕瓦茲和蘇格蘭醫生亞歷山大・伍德的個別發明。在他們做出注射器之前，愛爾蘭醫生法蘭西斯・林德（Francis Rynd，1801～1861）已於1844年製造出中空的注射針。林德的針結合注入器，於是帕瓦茲和伍德的注射器就此登場。早期的注射器是以銀、銅等金屬或象牙製成。

玻璃注射器在20世紀初問世，在1946年統一了針筒和推桿的規格。可以一次消毒大量的注射器或是只需要更換針頭即可，便利許多。

1956年，為解決衛生問題，塑膠製拋棄式注射器問世。

⚙ 也有不痛的注射器

使用注射器的效果快，但缺點是會痛。不痛的話，對打針的恐懼自然會消失。無痛注射的研究仍在不斷地進行。目前正在開發的無痛方式有許多種，如由肉眼看不見的微小突起密集組成的注射器在皮膚上扎孔投藥、快速噴射微細藥物滲入皮膚的注射器等。

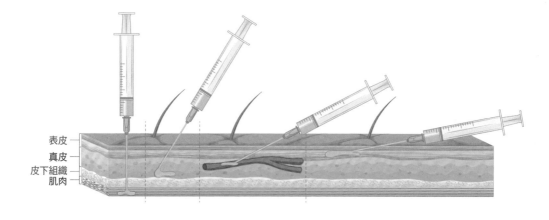

表皮
真皮
皮下組織
肌肉

⚙ 注射看似相同但也有區別

注射分為肌肉、皮下、靜脈和皮內注射。人的皮膚由下至上分為肌肉、皮下組織、真皮、表皮。肌肉注射打的是肌肉組織，皮下注射是打在皮膚內側的皮下組織，靜脈注射打在靜脈血管，皮內注射則是打在真皮層。

同樣是針，用途各異 —— 注射針和灸針

注射針是用於將藥物置入身體的工具，長得像空心管，尖端為斜面。

去中醫診所扎的是針灸針。雖然像注射針一樣尖，但仔細看的話，形狀並不一樣。針灸針與藥物無關，所以中間是實心的。粗細也比注射器針細，末端對稱、中間呈尖狀。

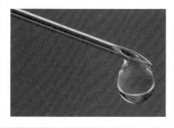 

◀ 注射針（左）和針灸針

體溫計 thermometer

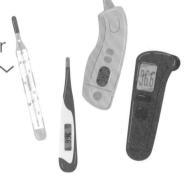

用數字測量
人的身體狀態

從溫度計發展而來的體溫計

溫度計是1592年由伽利略製作而成。他將裝有圓玻璃球的玻璃管豎立，觀察其水面變化來測量溫度。由於沒有刻度，只能判斷溫度高低。

在1612年左右，義大利的物理學家聖托里奧（Santorio Sanctorius，1561～1636）發明有刻度的溫度計。聖托里奧亦是醫學院教授，他將溫度計用來作為體溫計。但溫度計體積龐大，且測量體溫所需時間長，使用上並不方便。

體溫計持續發展，簡便測量身體溫度的體溫計是1867年由英國醫生湯瑪斯・克里福・艾爾伯特爵士製作而成。長度約15公分左右攜帶方便，且5分鐘內就能量出體溫。

測量耳膜散發能量的耳溫計

人的平均體溫約為37℃。只要升高1至2℃，身體就會出現異常，所以生病時量體溫非常重要。過去量體溫時，主要使用水銀溫度計，將玻璃棒般的溫度計放口中或腋下測量體溫，但需要等到水銀膨脹才知道結果，不甚方便。現今主要使用的是放入耳中就瞬間量好體溫的耳溫計。

耳溫計是應用美國太空總署（NASA）的技術製成。星星或行星的溫度無法親自前往測量。熱能是透過電磁波釋放，電磁波即電場與磁場變化後傳送的波動。太空總署的溫度計藉由測定電磁波來測量星星的溫度。而耳溫計是測量耳膜散發的能量，無須將體溫計貼近口腔或鼻內黏膜進行測量。

◎ 對著額頭量體溫的理由

隨著 COVID-19 病毒的流行，量體溫的工作變得繁重。最近的體溫計連放入耳朵都不必，只要朝額頭或手腕按下按鈕就可以量體溫。有些體溫計只要觀看螢幕畫面即可。非接觸式體溫計是透過感測器感知身體釋放的紅外線來測量溫度。

非接觸式體溫計主要測量的部位是額頭。額頭下有顳動脈，與負責調節體溫的大腦下視丘相連。由於這裡對體溫變化的反應最敏感，所以量額頭的溫度。我們之所以在發燒時先摸額頭，也是因為額頭有顳動脈的緣故。

洗三溫暖也不會改變體溫的理由

如果在大眾澡堂的三溫暖查看溫度計，空氣溫度有時超過 100℃。在三溫暖的高溫中待了幾分鐘雖然感覺身體變熱，但是測量體溫會發現依舊維持正常。維持正常體溫的祕訣是汗。汗水蒸發會帶走熱量、避免體溫上升。但若濕度太高，即使流汗也無法調節體溫，在三溫暖裡頭只待一會兒就令人難耐。

體溫降到 35℃以下的話，身體機能會開始變得遲鈍

健康的人體溫在 37℃左右。得出人類平均體溫的人是德國醫生卡爾・溫德利希（Carl Wunderlich，1815～1877）。他為 2 萬 5000 人測量過數百萬次體溫，在 1851 年得出人類的平均體溫是 37℃左右。
生活中主要遇到的是發燒生病等體溫升高的狀況。但其實體溫太低也不行。在寒冷的天氣裡掉進水裡或被困在山上時，喪生的原因很可能是體溫過低所致。體溫降至 35℃以下的話，身體功能會變得遲鈍，免疫力也會下降。降至 30℃時會失去意識，降至 27℃時會失去生命。

指甲剪 nail clippers

斜面與槓桿的協作

手指甲（或腳趾甲）不是人類獨有

人與動物不同，必須修剪指甲。動物生活在野外，指甲會自然磨短。人並非如此，不剪的話指甲會一直長長。登上金氏世界紀錄的指甲最長達近6公尺。指甲剪開始普及使用還不到100年的光景，在這之前會用剪刀或刀來修剪指甲。

指甲扮演的角色

雖然不用頻繁剪指甲，但剪指甲還是件麻煩事，心中不免經常納悶：「非得要有指甲嗎？」指甲可保護指尖，手抓東西或做精巧作業時，指甲還有集中力量、支撐皮膚的功能。指甲本身也能做出挾物品的細微動作，也有防止病毒和細菌進入身體的作用。雖然看似微不足道，但其實指甲做了許多工作。

現代式指甲剪以1881年的專利為主

修剪指甲的工具很多，究竟是誰發明指甲剪，實難以斷言。許多發明家為了製作更方便的指甲剪，將剪指甲的工具進行改良。現代式指甲剪可依註冊專利來推斷。1881年，尤金・海姆和塞勒斯汀・馬茲註冊的發明品被視為現今指甲剪的起源。後來也有許多指甲剪專利完成註冊。1947年，美國人威廉・巴塞特（William Bassett）創立名為「Trim」的公司，大量生產指甲剪，從此指甲剪正式開始普及。

指甲剪雖然構造簡單，但製作要經過30至40道工序。指甲剪用上數萬次也不會失去彈性，刀口準確咬合是發揮性能的關鍵。

利用槓桿原理和斜面原理的指甲剪

槓桿原理 指甲剪有2個金屬片以V字形相咬合。手上托著的厚實部分是主體，用大拇指按壓的部分是槓桿。剪指甲時，用大拇指按住槓桿的末端，以此作為使力點。在槓桿力點對面的末端下壓主體，主體另一端的刃部會剪掉指甲。這時，槓桿按壓主體的部分就是力量作用的作用點。槓桿和主體連結的部分發揮支點的作用。只要用小小力氣稍微按壓槓桿部分，刃部就會產生強大的作用力，輕輕鬆鬆就能剪指甲。（槓桿原理參考〈罐裝拉環＆瓶蓋〉篇）

斜面原理 直接用拉扯的指甲也不會斷，但使用指甲剪的話，輕輕鬆鬆就能剪掉。這是利用斜面原理的緣故。若仔細觀察指甲剪的刃部，會發現刃部末端較細，越往上越厚實。如同尖尖的楔子一般，刃面傾斜。剪指甲的時候，刀刃的斜面與指甲面相接時，鑽入的過程類似把東西拉上斜面的作用。拉上刀刃斜面的力量，作用在斜面的垂直方向上推開指甲，指甲就像用斧頭砍柴一樣被剪斷。（斜面原理參考〈拉鍊〉篇）

X光

x-ray

不用手術就看見
人的內在

⚙ X光片中骨頭清楚可見的原因

跌打損傷導致骨裂或骨折時要打石膏。石膏是石膏粉凝固變硬做成的繃帶。在打石膏之前，要先拍 X 光片；在治療過程中為了確認骨頭是否好好連接，也一定要拍 X 光片才行。沒有 X 光片的話，很難知道骨頭是否正確接好，會讓人心煩擔憂。

看 X 光片時，只有骨頭呈現鮮明白影。照 X 光時，X 光順利通過的部分會呈現暗色，不好通過的部分會呈現亮色。根據體內組織不同，X 光的透射量也不一樣，因此產生明亮、暗淡的差異。通過骨頭部分的 X 光比其他組織少，所以骨頭呈現亮色。

⚙ 發現 X 光的倫琴在 1901 年獲得首座諾貝爾物理學獎

X 光由德國物理學家威廉・倫琴發現。1895 年 11 月 8 日，倫琴進行真空管實驗時，發現密不透光的真空管外有螢光物質發光的現象。正好真空管對面有一張塗有鉑氰化鋇的紙，他發現是光線引發了化學變化。倫琴想起照片沖洗的原理。當時，照片是在賽璐珞般不透明的板子上，塗抹隨著光線強度有不同反應的物質，然後照光而成。倫琴以攝影原理為基礎持續研究，他讓妻子的手照射 X 光，成功讓骨頭形態清晰可見。

倫琴在 1896 年發表論文後，X 光廣為人知。X 是
表示未知之意的字母，所以倫琴將發現的光線命名為 X
光（X 射線）。

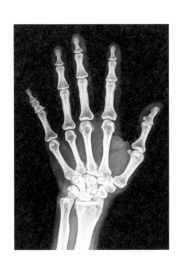

⚙ X 光掃描儀

　　X 光不只醫院使用，機場或港口也用 X 光檢查行
李。行李不用一一打開，也能確認裡面是否裝有危險物
品。生產產業也會使用 X 光，在不切割或分解物品的情
況下檢查其內部狀態。

電腦斷層與磁振造影

X 光無法確認的症狀或部位會拍攝電腦斷層或核磁共振。

電腦斷層掃描（CT，computed tomography）　電腦斷層掃描是一種 X 光。X 光是呈現平面，
電腦斷層攝影則是拍攝斷面，可以將檢查部位看得更詳細。

**磁振造影（MRI，magnetic resonance
imaging）**　利用磁鐵產生的磁場來替代 X
光的游離輻射，對人體無害。優點是可以選
擇檢查所需的角度來拍攝影像，但費用昂貴
且拍攝時間長。

磁振造影

阿斯匹靈 aspirin

拯救人類的三大藥物

⚙ 世界最暢銷的藥品 —— 阿斯匹靈

　　頭痛是從古至今困擾人類的症狀。與過去不同的是，現今吃頭痛藥就能減少痛苦。頭痛藥的代表藥物是阿斯匹靈。地球上每天服用的阿斯匹靈量超過1億顆，據說一年服用600億顆以上。除了消除頭痛，阿斯匹靈還有多樣效果被用於多種用途。1950年，阿斯匹靈登上金氏世界紀錄成為世界上最暢銷的藥品，至今仍保持紀錄。

⚙ 阿斯匹靈的成分與柳樹有關

　　自古以來，柳樹被用於減輕陣痛。3000多年前製作的莎草紙上，記載著埃及人利用柳樹來進行治療的紀錄。據說在2500多年前，醫學之父希波克拉底（Hippocrates）也用柳葉製茶作為治療藥物。1763年，英國牧師愛德華・史東（Edward Stone，1702～1768）重新發現柳樹的醫學效能。進入19世紀，科學家們發現柳樹的效能來自化學物質柳酸。後來，化學家大量製作柳酸。但柳酸的副作用嚴重，服用之後會造成人體不適。

☸ 不會痛苦的止痛藥 —— 阿斯匹靈

任職德國製藥公司拜耳的化學家費利克斯・霍夫曼（1868～1946）因罹患風濕病的父親的請求，決心開發出不會痛苦的止痛藥。1897年，他成功開發出副作用較小的乙醯柳酸。拜耳將此藥取名為「阿斯匹靈（aspirin）」，如眾所周知，這是乙醯柳酸的首字母「a」與柳樹的學名 Spiraea 相結合。1899年，阿斯匹靈開始正式銷售。1918年，西班牙流感在歐洲擴散時，阿斯匹靈的效能廣為人知。雖然它不是流感的治療藥物，但發揮了緩解併發症的效果。

☸ 阿斯匹靈的多樣效果

阿斯匹靈除了有鎮痛退燒的效果之外，也有助於緩解炎症和預防心血管疾病及癌症。至今仍尚未挖掘完它所有的功效。除了藥效之外，還有去除衣服汙漬、改善皮膚、去除頭皮屑、延長鮮花壽命等多樣效果。

☸ 上市約72年後，阿斯匹靈發揮藥效的過程揭曉，獲得諾貝爾生理醫學獎

雖然阿斯匹靈的藥效得到認可、成為藥品問世，但沒人知道其發揮作用的原理。直到問世已久之後的1971年，英國藥理學家約翰・范恩（John Vane，1927～2004）揭開發揮藥效的過程。他發現阿斯匹靈可以防止人體內產生引起疼痛或炎症的前列腺素（prostaglandin）物質。范恩的功勞得到肯定，在1982年獲得諾貝爾生理醫學獎。

世界三大藥品

減少疼痛的阿斯匹靈、有殺菌效果的盤尼西林、大幅減輕疼痛的嗎啡是世界三大藥品，拯救人類免於疾病帶來的痛苦。

冷氣機 air conditioner

調節空氣的人工裝置

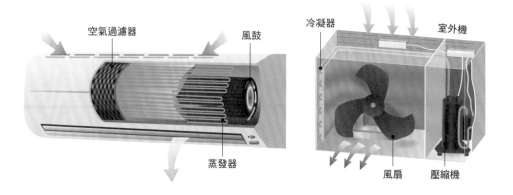

空氣過濾器　　　　　　　　風鼓

冷凝器　　　　　　　　室外機

蒸發器

風扇　　壓縮機

❀ 冷氣機是空氣調節裝置

　　冷氣機又稱空調（air conditioner），即「空氣調節裝置」的簡稱。冷氣機不只單純排出冷空氣，還有除濕或淨化空氣等作用。冷氣機甚至被稱為「世界上最偉大的發明」，對我們的生活產生重大影響。熱天使人活動變得困難，疾病也會擴散地很快。天氣炎熱的地方生活困難、城市無法發展。隨著冷氣機的發明，天氣炎熱時也可以在室內舒適地活動。

❀ 發明冷氣機的人是威利斯・開利

　　1876年出生在美國的開利在康奈爾大學學習機械工程，然後進入機械設備公司。有一天，開利走在路上，從霧濛濛的火車月台得到冷氣機的靈感。他知道水變成霧的時候會吸收熱量使溫度下降。最初冷氣機是為了除濕而製。1902年，一家印刷廠認為自家工廠內的溫度和濕度太高，導致無法正常印刷，於是委託開利任職的公司製作調節溫濕度的裝置。印刷廠所在的紐約鄰近海邊，濕度很高。開利在

1902年7月17日成功開發出冷氣機。1906年取得
冷氣機專利的開利在1915年成立與自己同名的冷
氣機公司開利（Carrier）。現在提起冷氣機公
司，大家就會想到開利。

拜冷氣機之賜，沙漠城市也能發展

　　最初，冷氣機主要用於需要調節空氣的工廠。進入1920年代，冷氣機開始用
於百貨公司、劇院、飯店、醫院等大型設施。1930年代中後期，飛機和汽車也引
進冷氣機。一般家庭則從1950年代中期開始普及。

　　冷氣機問世之前，大城市主要出現在一年四季溫暖或涼爽的地方，或是有暖氣
能夠禦寒的寒帶地區。隨著冷氣機的發明，沙漠或炎熱地區也開始發展大型都市，
如東南亞地區或美國南部等，人類的生活領域從此拓寬。新加坡前總理李光耀曾經
說過，沒有冷氣機，就不會有新加坡。

冷氣機是良方，也是病源

　　拜冷氣機之賜，人類生活發生大幅變化。最重大的改變是，罹病死亡的人大幅
減少。將室內溫度調降到適當狀態，防止了炎熱導致的疾病。雖然善用冷氣機有益
健康，但如果溫度調太低、長時間吹冷風，反而會引起冷氣病。冷氣病是身體無法
適應室內外溫差所致，症狀與感冒差不多。

冷氣機運作的原理

物質以固體、液體、氣體狀態存在，狀態改變時會吸收或釋放熱能。水要沸騰變成水蒸氣必須加
熱。反之，要讓水蒸氣冷卻成水，就必須釋放熱能。液體蒸發成氣體時會吸收周圍的熱能。身上的
水風乾時會覺得涼爽，原因也是這樣會帶走身體的熱能。冷氣機裡有冷媒（＝製冷劑）氣體。將氣
體強制冷凝成液體，然後讓冷媒膨脹的話，液體的冷媒會變成氣體，帶走周圍的熱能，溫度隨之下
降。

殺蟲劑 pesticide

殺死害蟲的
有害物質

危害人類或大自然的昆蟲稱為害蟲

　　害蟲有蚊蠅、蟑螂、蝨子、跳蚤等。害蟲有害的理由是因為會散播傳染病。害
蟲對人類歷史也有重大影響。曾經大流行的傳染病導致人心惶惶，也曾經阻礙糧食
生產、引發饑荒。傳染病有時甚至會左右戰爭的勝敗。人類不斷思考研究，企圖消
滅傳播傳染病的害蟲。

最初的殺蟲劑是 DDT

　　化學名為「雙對氯苯基三氯乙烷」的物質，簡稱 DDT（又叫滴滴涕）。DDT 由
奧地利化學家奧特瑪・蔡德勒（Othmar Zeidler，1850～1911）在 1874 年製成。它不
是自然物質，而是人工的新化學物質。製作時並不知道它有殺蟲效果。在開始使用
化學物質殺蟲劑之前，人們使用菊花科的除蟲菊作為殺蟲劑原料。

　　發現 DDT 殺蟲效果的人是瑞士化學家保羅・赫爾曼・穆勒。1939 年，他在尋
找與除蟲菊效果相仿的物質時，發現 DDT 具有麻痺昆蟲神經的效果。1941 年，他
申請 DDT 殺蟲劑專利；次年，DDT 殺蟲劑成為產品問世。第二次世界大戰時，

DDT 撲滅害蟲，協助戰爭朝向有利方向邁進，因此立下大功。因為戰爭時害蟲或傳染病會造成重大影響。戰爭結束後，DDT 作為殺蟲劑向一般大眾販售。在 DDT 的幫助之下，農作物產量增加。發現 DDT 殺蟲效果的穆勒，功勞備受肯定，在 1948 年獲得諾貝爾醫學獎。

🔅 現今使用的殺蟲劑

　　家用殺蟲劑大部分是除蟲菊精類（pyrethroid）。除蟲菊這種植物會分泌除蟲菊素（pyrethrin）成分，具有麻痺昆蟲的效果。19 世紀在南斯拉夫，一名女性看到除蟲菊周圍昆蟲死亡的情況，發現除蟲菊含有殺蟲的成分。殺蟲劑中使用的除蟲菊素是人工合成製造的。

　　一般常用的殺蟲劑是噴霧殺蟲劑。只要按壓噴頭，金屬罐內的殺蟲劑就會噴出。噴霧殺蟲劑由石油、液化石油氣和殺蟲成分組成。石油溶解殺蟲成分，液化石油氣將殺蟲成分氣體化，讓它可以均勻噴灑在空中。

用途發明得知 DDT 的有害性

DDT 原本被認為是奇蹟物質，隨著使用量增加，其有害性也暴露了出來。DDT 累積在生物體內會引起副作用，最終滲透到人的身上，成為破壞生態系統的罪魁禍首。1970 年代以後，大部分國家都禁止使用 DDT。

DDT 剛問世時，人們還不知道它有殺蟲成分，數十年後才用 DDT 製作殺蟲劑。在已知物質中發現新性質的發明，稱為用途發明，也就是發明孕育發明。DDT 可以說是用途發明的代表事例之一。

殺蟲劑的原理和耐受性

殺蟲劑進入害蟲或昆蟲體內後，會使翅膀肌肉麻痺，昆蟲就再也飛不了。與呼吸相關的肌肉也會被麻痺，導致窒息而死。

碰過殺蟲劑的昆蟲會產生耐受性。耐受性指的是忍耐承受的能力。如果產生耐受性，就必須使用更強的殺蟲劑才能殺死害蟲。

大流行的歷史

⚙ 傳染病大流行的歷史

13 世紀 漢生病（痲瘋）	14 世紀 鼠疫（黑死病）	17 至 18 世紀 天花	17 至 19 世紀 結核病

2002 至 2003 年 SARS	1968 年 香港流感	1957 年 亞洲流感	1918 年 西班牙流感	19 世紀 霍亂

2009 年 H1N1 新型流感	2012 年 MERS	2014 至 2016 年 伊波拉	2019 年～ COVID-19

⚙ 空氣汙染事件與疾病傳染病大流行的歷史

　　大流行來臨時，雖然會造成巨大損害，但從克服疫病的努力中也會得到力量。新的發明物會問世，或者已經問世的發明物將派上用場。沒有口罩，我們很難克服 COVID-19；沒有各種疫苗，健康生活成為難題。疾病或空氣汙染在造成巨大危害的同時，也為發明提供契機。

● 比利時馬斯河谷事件（1930 年）　比利時馬斯河谷（Meuse Valley）有巨型的工業園區。1930 年 12 月 1 日至 5 日，河谷沒有颳風，工廠排放的汙染物質充滿整個河

谷。汙染物質與霧氣結合的煙霧範圍高達100公尺、寬1公里、長30公里。導致6000多人身體出現異常症狀，63人喪生。

- **倫敦霧霾**（1952年）　煤煙與霧氣結合的霧霾在市內擴散開來。這是煤炭和石油等石化燃料使用過度而產生的結果。受霧霾影響，1萬2000多人喪生。
- **洛杉磯霧霾**（1954年）　汽車快速增加，廢氣與陽光的紫外線發生反應而產生霧霾。霧霾會對眼睛、鼻子、呼吸道等造成刺激。

◎ 百年來深得人心的急救處理 —— OK 繃

　　流行病會奪走許多人命，但在日常生活中，大部分會發生的情況其實是不用去醫院的小傷口或輕微的疼痛。在膚色塑膠繃帶（現在也有印上卡通人物的款式，形狀和顏色也五花八門）上穿孔的 OK 繃，是可以簡便做急救處理的道具。

　　首度製作出 OK 繃的人是美國人厄爾・迪克森（Earle Dickson，1892～1961）。迪克森的妻子不擅烹飪，經常被刀割傷或被熱水燙傷，這時迪克森會用紗布和繃帶為妻子包紮傷口。他決定製作一款妻子自己也能治療傷口的繃帶，為自己不在時做預備。迪克森在製作醫用紗布和膠帶的嬌生公司（Johnson & Johnson）上班，他把從公司取來的繃帶裁切成一定尺寸，然後貼上紗布做成 OK 繃。

　　1920年，嬌生公司將迪克森發明的 OK 繃製作成商品。他們找到材質類似尼龍的襯底布（crinoline）來當作 OK 繃黏貼面上的覆蓋物。OK 繃的英文名為「Band-Aid」，即結合「band（膠帶）」和「first aid（急救用）」二字。OK 繃大受歡迎，即使在發明100年後的今天也依然深得人心。

第 5 章

增添豐富樂趣

發明是因為有某種需求而產生的結果。任何人都想度過愉快幸福的時光。人們想要玩樂的念頭不斷冒出，會主動尋覓新的娛樂，因此關於玩樂的發明相當豐富。

溜滑梯構造非常簡單，乃至令人懷疑這東西也算發明嗎，但它確實是發明而來的遊樂設施。足球或羽毛球是源自發明的遊戲器材。籃球運動本身就是一項發明，自行車也是為了方便移動而製作的發明物。攝影是生活的一部分，在我們喜歡使用的社群網路（SNS）上，照片是不可或缺的，而攝影也是一項發明。聽音樂時需要的MP3播放器、戴上後只有自己能夠聽到音樂的頭戴式耳機或入耳式耳機、可以觀看卡通等各種節目的電視、引導觀眾進入美好想像世界的電影等，這些讓人們享受日常生活的發明不勝枚舉。用電腦或遊戲機玩有趣的遊戲，也是一大享受。

望遠鏡 & 顯微鏡
telescope & microscope

利用光和透鏡增強眼力

🔅 能夠近看遠方物體的望遠鏡

看音樂劇時坐在離舞台較遠的位子，或者登上瞭望台時，可以確切感受到視力的極限，這時會希望自己的眼睛擁有超級英雄的超能力能夠一目千里。幸好，有的表演場地會備有觀賞用望遠鏡或只要借來用就行了。瞭望台也常設有大型望遠鏡。望遠鏡是能夠近看遠方物體的工具，彌補人類肉眼能見距離有限的弱點。

🔅 使用水晶透鏡的望遠鏡

1608年，在荷蘭製作眼鏡的漢斯·利伯希發明了望遠鏡。當時，荷蘭的玻璃或寶石加工技術非常發達。利伯希將凸透鏡和凹透鏡疊放在一起時，偶然發現把兩個透鏡的間距拉開的話，就能看到遠處的教堂尖塔（也有一說是利伯希的兒子或助手曾經這麼做）。他利用這個原理製作出水晶透鏡的望遠鏡。除了利伯希，荷蘭也有其他人開發望遠鏡。

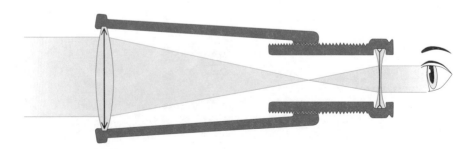

✿ 將物體放大來看的顯微鏡

顯微鏡與望遠鏡既相似又相異。1590年，在荷蘭製作眼鏡的楊森父子創制顯微鏡。他們用了3支鏡管和2面凸透鏡，將鏡管合攏可以放大3倍，展開可以放大10倍左右來觀看物體。物體雖然顯得很大，但看起來很模糊，所以實際上未被廣泛使用。將顯微鏡用於觀察和研究的人是英國物理學家羅伯特·虎克（Robert Hooke，1635～1703）。他在1660年成功使用顯微鏡觀察細胞。

✿ 顯微鏡的原理

顯微鏡是由靠近物體的物鏡放大成像，又由眼睛看的目鏡再次放大，使物體得以放大好幾倍呈現。

伽利略和折射望遠鏡

聽說利伯希製作出望遠鏡的消息後，伽利略在1609年製作了放大倍率30倍以上的望遠鏡。利伯希的望遠鏡只能放大3至4倍，但伽利略的望遠鏡可以觀測天體。在觀測月球表面山脈、木星的衛星、銀河、太陽黑子等天體上均獲成果後，伽利略最終主張地球在轉動的地動說。望遠鏡成為改變宇宙觀的契機。

伽利略製作的望遠鏡是折射望遠鏡。因為有光，人才得以用眼睛看見物體。折射望遠鏡是兩個透鏡重疊的構造。面對觀察對象的物鏡會聚光，光在透鏡上偏折，聚到一點成像。面對眼睛的目鏡則使像放大呈現。

折射

意指在空氣中的光進入其他物質時的偏折現象。根據光通過的物質不同，速度也會不相同，因此產生折射現象。河水的深度看起來比實際淺，就是因為光線從水裡射進空氣時，速度會變快而偏折所導致。

自行車 bicycle

使用人當引擎的環保交通工具

⚙ 自行車的引擎是人

　　汽車、火車、飛機是快速又舒適的交通工具。這些交通工具在行駛時需要燃料，如果沒有燃料就只能停在原地一動也不動。自行車的速度雖然比汽車或飛機慢，但不需要燃料。只要騎自行車的人夠健壯，要騎多遠都可以，因為人體就是一種引擎。自行車不用燃料，所以是又環保又無需燃料費的經濟型交通工具。

⚙ 自行車的發展

- **塞萊里費爾（Celerifere）** 1790年，法國貴族西夫拉克伯爵製作出第一台自行車，名為 Celerifere，意思是「快行機」。車輪固定在2根軸上，外型有如木馬。只能腳滑前行而且無法改變方向。主要用作娛樂工具而非交通工具。

- **德萊辛（Draisine）** 能夠改變方向的自行車，由德國男爵卡爾・馮・德萊斯（Karl von Drais，1785～1851）在1818年製作而成，原德文名稱為「跑步機」，後被稱為 Draisine，。前輪裝有可以改變方向的方向舵。無腳踏板，須用腳滑地，但據說時速可提升至15公里。

- **腳蹬兩輪車（Vélocipède）** 1835年，英國人柯克派崔克・麥克米倫（Kirkpatrick Macmillan，1812～1878）首次製作出裝有踏板的自行車。不像現在的自行車裝有鏈條，是採用前後踩踏踏板的方式來讓後輪轉動。1861年，在法國經營鐵匠鋪的皮耶・米肖（Pierre Michaux）父子將踏板改裝在前輪，製造出直接轉動前輪的

自行車 ── 腳蹬兩輪車（Vélocipède），意思是「快腳」。

- **普通自行車（Ordinary）/大輪自行車（Big Wheel）/便士法尋自行車（Penny-farthing）** 1871年，英國發明家詹姆斯・斯塔利（James Starley，1830～1881）開發出前輪大、後輪小的大小輪自行車。大小輪自行車被譽為自行車史上最具美感的自行車。由於前輪很大，同樣轉一圈，大輪子能行駛的距離更長且速度也更快。雖然外形美觀，但因為座椅的位置高，導致上下車困難且容易跌倒摔傷。該款自行車的前後車輪看起來像是一枚便士（最大的英國硬幣）和一枚法尋（舊時最小的英國硬幣），故被稱為便士法尋自行車。

- **安全自行車（Safety）** 與現今款式類似的安全自行車是1874年由英國人哈里・勞森（Harry Lawson，1852～1925）所製。前後輪大小相似，在兩個輪子之間設置踏板，用鏈條牽動後輪。

▲ 普通自行車

⚙ 折疊式自行車

　　自行車是實用的交通工具，但攜帶不易。要去遠處騎車的話，必須先用車子載，車外也需要設置支架固定。折疊式自行車可以將自行車折小直接放入汽車後車箱，也不需要裝置支架。折疊式自行車看似為最新技術，但靈感早在19世紀後期就已出現。1888年，美國發明家艾密特・拉塔（Emmit Latta，1849～1925）取得折疊式自行車的專利。後來，許多發明家相繼挑戰折疊式自行車，直到1890年代中期才有商業化車款問世。

不用買也能利用的公共自行車

自行車雖然便利，但到達目的地後，常常沒有可以停放的空間，而且即使上鎖也容易被偷。如果想騎自行車到附近轉乘其他交通工具的話，要如何保管自行車也是一大難題。公共自行車或共享自行車可以解決這些問題。即使沒有自己的自行車也能用付費的方式租借使用。且可在目的地歸還，移動相當自由。

攝影
photography

用光畫出的畫

⚙ 攝影利用光的反應

1839年，英國科學家約翰・赫歇爾（John Herschel，1792～1871）首次使用「photography」一詞來指攝影，意即「用光來畫畫」。顧名思義，攝影的基本原理是光的反應，利用光和化學物質產生圖像。

⚙ 攝影的歷史

- **日光蝕刻法** 第一位拍出照片的人是法國發明家約瑟夫・尼塞福爾・涅普斯。1826年，他用自己發明的相機拍下庭院，但足足花上8個小時。他將塗有天然瀝青的錫板安裝在暗箱上，拍下史上第一張風景照。完成拍攝後，他用薰衣草油清洗錫板，受陽光照射的部分會變硬而保留下來，而剩下的部分則會被洗掉。而受日照留下的部分就成了圖像。涅普斯將自己的攝影方式命名為「日光蝕刻法（heliography）」。

- **達蓋爾銀版法** 法國人路易・達蓋爾（Louis Daguerre，1787～1851）聽說涅普斯拍照的消息後，便向涅普斯提議一起研究攝影。與涅普斯不同的是，達蓋爾使用鍍銀的銅板和碘，稱為銀版攝影，達蓋爾將自己的攝影方式稱為「達蓋爾銀版法（daguerreotype）」。相較於涅普斯的方式，拍照時間減少許多，完成攝影僅需7分鐘。1839年，他將達蓋爾銀版法的成果發表於科學院。

- **柯達膠捲相機** 早期的相機龐大，拍照需要很長時間，想在紙上顯影的沖洗作業

既不便又麻煩。隨著賽璐珞膠膜的出現，拍照變得方便，沖洗也變簡單了。柯達公司推出膠捲底片後，攝影便急速變得大眾化。膠捲是由柯達公司創辦人喬治‧伊士曼（George Eastman，1854～1932）所發明。1888年，柯達公司製造出裝有膠捲底片的相機。

⚙ 拍攝自己的模樣 ── 自拍

拍攝自己的照片叫做自拍（Self camera 或 Selfie）。隨著社群網路服務（SNS）的發展，自拍上傳的文化已經生根。2013年，牛津大學將 Selfie 選為年度字彙，現在該字已成為熟悉常見的詞語。智慧型手機的正面都設有相機，可以輕鬆看著螢幕拍下自己的臉孔，另外也有方便自拍的自拍棒問世。最早的自拍照是出生於荷蘭的美國化學家羅伯特‧科尼利厄斯（Robert Cornelius，1809～1893）在1839年拍攝的。

▲ 最早的自拍照，1839年科尼利厄斯拍下自己的照片

暗箱

暗箱（camera obscura）是拉丁文的「暗室」之意，也是照相機／攝影機（camera）的語源。在暗室一側穿洞的話，外面的風景會映在暗室內側。美術家們用暗箱作為畫畫的工具。利用暗箱在紙上成像，然後照著成像畫畫再繪入陰影，一幅畫就完成了。

暗箱的最初紀錄為李奧納多‧達文西（Leonardo da Vinci，1452～1519）留下的。自西元前2000年左右，亞里斯多德時代起就懂得暗箱原理。16世紀文藝復興時期，用長方體箱子製作的暗箱登場。當時的人努力研究不用全靠自己作畫的偷懶方法，反而促成了攝影的發明。

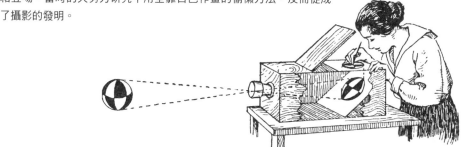

羽毛球 shuttlecock

時速330公里
最快速的球

⚙ 羽毛球只用鴨毛或鵝毛的理由

隔著網子進行的運動比賽有很多種，排球、網球、乒乓球、足球、羽毛球等。其中唯有羽毛球不用圓球，而是使用專用的羽毛球（shuttlecock）。「shuttle」是指來回、「cock」則是雞的意思。因為羽毛球是插著雞毛的球隔著網子來來回回。

羽毛球的球頭包覆著半球形的皮革，底下的裙身是圍成一圈的羽毛。長約7公分，重5克左右，羽毛約有14至16片。也有使用尼龍羽毛或塑膠羽毛製成的羽毛球。根據使用的羽毛種類和形狀，羽毛球的飛行特性也有所不同。在羽毛球規則被制定出來以前，曾使用雞毛、羊毛、毛線等各種材料。現今的羽毛球主要使用鴨毛或鵝毛，但國際大賽只使用鵝毛，因為鵝毛耐用且性能卓越。為保護動物，國際比賽也開始允許使用人造羽毛的羽毛球。

⚙ 溫度升高，羽毛球飛行速度會變快的原因

羽球競賽會受氣溫影響。羽毛球飛行時受空氣阻力的影響非常大，而空氣阻力的大小取決於溫度高低。密度是指構成某物體之要素的緊密程度，隨著溫度升高，空氣的密度會降低，這是由於構成空氣的分子會快速

地移動與擴散所致。隨著溫度升高、空氣阻力變小，羽毛球飛行速度也會變快。溫度每升高1℃，飛行距離可增加2至3公分左右。羽毛球上註記的號碼是指速度，這是為了能夠因應溫度變化來選用最適合的羽毛球所做的標示。

球類運動中球速最快的羽毛球

球類運動講求反應速度，需要快速判斷後踢球或擊球。棒球賽中，打擊手的擊球反應時間約為0.4秒左右。投手投出棒球時，打擊手能夠判斷的時間是0.19秒，然後要在0.23秒內揮棒，高度的集中力和快速的爆發力是不可或缺的。棒球的最高時速為150公里。
羽毛球的飛行時速為330公里，必須在0.1秒內回擊。羽毛球的瞬時速度超過時速330公里，由於重量只有5克左右，可以在一瞬間達到超高速。在圓形的球類中，最快的是時速超過300公里的高爾夫球。其次是網球和乒乓球，時速為250公里左右。
羽毛球瞬時速度雖然快，但同時速度下降得也快。羽毛的紋理會讓球旋轉並快速飛行，但無法飛得遠。羽毛球整體承受的空氣阻力大，所以快速直線飛行後，速度會驟減，呈現拋物線落下的特性。

足球 soccer ball

以數學方式製作
以科學方式踢球

⚙ 第一顆足球是橡膠球

自史前時代起，石頭或圓形物體就被當球使用。古希臘把乾草捆在一起使用，中世紀時則是利用牛或豬膀胱。有的直接使用毛團，有的用皮革包起來做成球。1839年，美國化學家查爾斯・固特異爾發明了硫化橡膠。硫化橡膠是在生橡膠中加入硫磺加熱後使之產生彈性。1855年，固特異使用硫化橡膠製作足球。1872年，英格蘭足協頒布了只能用皮製足球的新規定。從此足球都是皮革製的，但皮製足球遇雨就會滲水進去。自1986年世界盃足球賽（FIFA）起，則改為使用人造皮革製作的足球。

⚙ 世界盃足球賽官方用球的球面數

足球由多塊皮革拼接而成，所以不完全是圓的。現今也沒有完美的圓球體足球。球越圓，越能與空氣阻力維持平衡，踢球時便能準確飛向目標地點。1960年代以前足球是用12塊、18塊的長條球面組成。進入1960年代，出現12塊五邊形和20塊六邊形組成的32塊球面足球。

官方用球是指球類運動委員會或執行長正式認證使用的球。從1970年墨西哥世界盃使用32塊球面製成的「電視之星（Telstar）」開始，世界盃指定用球皆由愛迪達（Adidas）製作。2006年德國世界盃時，官方用球為14塊球面；2010年南非世界盃時為8塊；2014年巴西世界盃時減至6塊。球的形狀越來越接近圓球體。

⚙ 使球移動路徑產生變化的香蕉球踢法和無旋轉球踢法

足球外形是圓的，而且要迎風前進，所以會因其自體的旋轉或受空氣影響改變行進方向。香蕉球踢法（banana kick）意指踢出的球會以類似香蕉的弧線彎曲前進。用力踢球的一側會使球一邊旋轉一邊前進，同時環繞足球的氣流也會產生變化。旋轉的一側與氣流相逆、壓力升高，而另一側與氣流一致、壓力降低。球會向壓力低的一側移動，發生彎曲現象。這種現象稱為「馬格努斯效應（Magnus effect）」。

無旋轉踢法是指踢球底部來避免球旋轉的方法。空氣從球的上下被切開，於後方產生渦流，這種現象稱為「卡門渦流（Karman vortex）」。渦流的移動並無固定方向，球的移動也會變得不規則。

踢自由球時，攻方球員和守方球員距離訂為9.15公尺的理由

比賽中選手犯規時，給予對方踢球的機會，稱為自由球。此時，踢球選手與防守人牆之間的距離訂為9.15公尺。自由球的球速極快，時速可達150公里。被擊中的話選手會受傷。使球路徑彎曲的馬格努斯效應從9.15公尺開始。為了避免防守者受傷，因此在球路徑彎曲的9.15公尺處築起防守人牆。

正多面體和擬正多面體

正多面體（regular polyhedron）指的是由相同的全等正多邊形組成的立體圖形，且每一面交接的頂點所銜接的面數也相同。正4面體是由4個正三角形組成。正多面體只有正4面體、正6面體、正8面體、正12面體和正20面體這五種。與正多面體類似，但使用2種以上正多邊形且頂點所銜接的面數也相同的多面體，稱為擬正多面體（quasi-regular polyhedron）。擬正多面體是將正多面體的頂點削去而成，共有13種，西元前300多年前由阿基米德發現。足球是將正20面體削去頂點而成的擬正多面體，由12個正五邊形和20個正六邊形組成。

| 正4面體 | 正6面體 | 正8面體 | 正12面體 | 正20面體 |

留聲機
gramophone

保存聲音的機器

🔧 最早的留聲機只能記錄，無法回放

　　有的產品會隨著時代發展更新、更好的性能而使其原先型態徹底改變，導致舊款式消失於世。儲存音樂用的媒介，依序由黑膠唱片（LP）、錄音帶轉變為光碟（CD）。黑膠唱片和錄音帶幾乎已經絕跡，隨著 MP3 播放器（參考〈MP3 播放器〉篇）問世，光碟的使用也大幅減少。消失的儲存媒介，只能在舊電影或電視劇中見到。每逢復古風潮吹起時，它們也會作為重溫回憶的道具再度登場。

　　留聲機的意思為「保存聲音的機器」，是在圓盤或圓筒上刻槽記錄聲音後再播放的裝置。第一部留聲機由法國業餘發明家愛德華・里昂・史考特在 1857 年製作。轉動塗上煤煙的圓紙筒，因為聲波振動的筆刷會在紙筒上刷出聲波振動的圖像來記錄聲音，但它只能記錄聲音的模樣，無法播放。

🔧 愛迪生發明可錄音回放的機器

　　能夠播放錄音的留聲機由湯瑪斯・愛迪生（Thomas Alva Edison，1847～1931）創制。他所製作的圓筒是用銅片做的，並且銅片上貼著一層由鉛和錫混合製成的錫箔紙，一邊轉動圓筒一邊刻劃錄製聲音。只要再次轉動圓筒，與振動膜連接的唱針掃過圓筒的軌跡就能發出聲音。但聲音太小，未能好好運作。改善性能後，在 1877 年成功直接錄製並重播名為《瑪麗有隻小綿羊》的童謠。他將專利註冊為「會說話的機器（speaking machine）」。比起音樂，愛迪生更想用它來錄製或聆聽人聲。

◉ 留聲機的標準儲存裝置 —— 黑膠唱片

1887年，在愛迪生發明留聲機的20年後，德裔美國人發明家埃米爾·貝利納（Emile Berliner，1851～1929）開發出唱盤式留聲機（gramophone），且在1895年獲得專利，開啟大量生產圓形唱片之路。在唱盤式留聲機之後，迎來了圓盤型媒體的時代。1948年，留聲機的標準儲存裝置之一，即黑膠唱片（LP）問世。只要提到留聲機就會讓人想起代表性的黑色圓盤，那就是黑膠唱片。LP意即「長時間播放（long play）」，一面可以錄製30分鐘左右。以前在這之前只能錄不到5分鐘，所以當時的黑膠唱片可說是讓能錄製的時間大幅拉長。

◉ 記錄聲音的小塑膠匣 —— 錄音帶

錄音帶是在表面塗有氧化鐵等磁性物質的長條膠帶上儲存聲音的媒介。體積小不占空間。錄音帶播放時，磁頭會先讀取資訊，再透過放大音量的過程由揚聲器播放出來。1928年磁帶首度問世，1963年飛利浦（Philips）開發出現代的錄音帶。

◉ 以雷射儲存讀取的光碟

光碟（CD）是「compact disc」的縮寫。1970年代後期，由荷蘭電器電子企業飛利浦和日本電子產品公司索尼共同開發，並在1982年推出。光碟是用光來儲存數位資訊的。使用雷射在光碟表面刻劃出凹槽來記錄資訊。讀取時也是使用雷射，運用的原理是根據凹槽形狀的不同，光線反射的強度也不一樣。

籃球 basketball

把球投進籃中
變成運動

⚙ 籃球是從一開始就訂好規則、研發而成的競技

　　裝備、運動場和人數，這是運動時首先考量的條件。像棒球一樣裝備繁多，或像足球一樣需要寬敞空間的運動，不是隨時隨地都能進行，而且人數也要夠多才行。至於籃球，只要有球和籃框就行了。正式比賽一隊5人，但街頭籃球只需3人就足夠。室內也可以打籃球，規則也不難。無論何時何地都能輕鬆進行，是最容易達成的運動項目之一。

　　籃球由詹姆斯‧奈史密斯博士在1891年研發而成。不同於其他先自然出現才制定規則的運動，籃球從一開始就訂好規則。奈史密斯博士是加拿大出身的體育教育家，在任職美國麻州YMCA訓練學校時，為了尋找能讓學生可以輕易學習又充滿趣味的冬季室內運動，從而研發出籃球。不同於激烈的足球，研發籃球的其中一個目的也是為了減少學生可能受到的運動傷害。

　　為使打籃球更安全，他決定採用大型球。籃球框也是從一開始就打算設在高處，正好用上原本就放在體育館內、用來裝桃子的籃子。籃球（basketball）意即將球（ball）投入籃子（basket）的競技，故有此名。1891年12月，第一場籃球比賽在美國麻州春田市（Springfield）的YMCA舉行。

⚙ 最早的籃球

- **封底的籃子**　籃球項目剛制定出來時，籃網的底部是封住的。進球的話就得派人

爬梯子上去把球取出。在鐵製的環上掛上網子的籃框於1914年問世。

- **球員無人數限制**　現在籃球一隊有5人上場。早期沒有人數限制，有時一隊有數十人上場。由於球員太多無法順利進球，據說甚至曾以1比0的比數結束比賽。

籃板透明的理由

懸掛籃框的方形籃板是透明的。初期使用不透明的鐵板或木材，但因為籃板會擋住觀眾視線，所以後來換成玻璃。這項改善措施的目的是為了吸引更多的觀眾。

籃球是橘色的理由

大部分運動項目的用球是白色，但籃球是橘色的。籃球場的地板為棕色系，顏色和球差不多。如果使用白色球，會與地板的顏色形成對比，導致眼睛容易疲勞。球員必須一直緊盯快速移動的球，對眼睛的負擔很大，因此採用與籃球場地板顏色相近的球。

順利投籃進球的方法

籃球球員會運用多種技術來提高進球成功率。一般來說，若想順利進球就要讓球反向旋轉。球離手時，用手指和手腕的力量讓球旋轉。球沒有旋轉的話，在撞到籃板時就會難以相同角度反彈進網。

旋轉中的球在撞到籃板的瞬間所產生的摩擦力會向上作用，而反作用會向下產生一股很大的力量將球被吸向籃框，進球的機率就升高了。籃球表面凹凸不平是為了防滑和順利產生旋轉。

電影 cinema

將靜態照片化為
動態場景

⚙ 盧米埃兄弟發明放映機且拍攝第一部電影

　　照片發明後，出現了將照片串連成影像的技術。登上金氏世界紀錄的第一部影片是1888年法國發明家路易·普林斯（Louis Le Prince，1841～1890）製作的《郎德海花園場景（Une scène au jardin de Roundhay）》，一部長度僅僅2.11秒的短片。1889年，湯瑪斯·愛迪生製作出活動電影放映機（kinetoscope）。這是可以拍攝和觀看影片的機器，但如同瞭望台上的望遠鏡，一台機器只能一人觀看，屬一人用的型態。

　　關於電影的起源，會因如何定義「電影」一詞而有所不同。一般而言，必須滿足：有拍攝電影的機器、有放映畫面的機器、在銀幕上放映、公開收費放映，這四項條件才能認定為電影。真正的電影的起源，由發明家盧米埃兄弟揭開序幕。1895年，盧米埃兄弟發明電影放映機（cinématographe）。這是可同時向多人展示影片的裝置，「電影（cinema）」一詞也源於此機器。

　　世界上第一部正式的電影是1895年3月22日非公開上映的《離開工廠（La Sortie de l'usine Lumière à Lyon）》。最有名的作品是1896年上映的《火車進站（L'arrivée d'un train à La Ciotat）》，長度為50秒左右，拍攝火車進站停車的模樣。據說部分觀眾看見火車開近的情景，嚇得衝了出去。電影放映機問世時，多種拍攝和播放影像的裝置也相繼出現。《火車進站》是在公開場所首部上映的收費電影，因此被認定為第一部商業電影。

❀ 使照片動起來的放映機原理

放映機是使照片動起來的裝置。快速翻轉多張照片，使之看起來像是動態的。這個原理類似在紙上依序畫圖，然後快速地一張張翻頁，圖畫就會看起來像動起來了一樣。

英國攝影師愛德華・邁布里奇（Eadweard Muybridge，1830～1904）發現此原理。身為賽馬迷的邁布里奇想知道，馬在奔跑時是否雙腳著地。1878年，他費盡心力連續拍攝馬匹奔跑的模樣，終於成功在1秒內拍下82張照片。翌年，邁布里奇發明了將連續拍攝的動物動作，以連續方式生動呈現的跑馬燈（Zoopraxiscope）。跑馬燈也被認為是電影放映機的原型。

❀ 在比一般電影院更大的銀幕上觀看電影 ── IMAX

IMAX 是 Image Maximum 的縮寫。這是一種電影放映的格式，將人的視線範圍內全部以影像填滿。由1968年創立的加拿大電影製作公司 IMAX 開發。以專用攝影機和70公釐專用底片拍攝後，在設有超大型銀幕的 IMAX 專用廳播映。

電影利用殘像現象

即使剛剛看見的影像已經消失，但人的眼睛會因為留在視網膜上的殘像，而陷入彷彿還在繼續觀看的錯覺。雖然是眼睛的錯覺，但其實也是因為看過的影像會暫時留在腦中的緣故。如果快速連續觀看固定的圖像，就會看起來像是不間斷的動態影像。放映機每秒播放24格的底片，由於殘像的緣故，看起來就像是持續不間斷。

（頭戴式耳機）1909 年，美國 納撒尼爾．鮑德溫 （Nathaniel Baldwin，1878～1961）	（耳機）1891 年，法國 厄尼斯特．梅卡迪耶 （Ernest Mercadier，1836～1911）

頭戴式耳機 & 耳機
headphone & earphone

獨自一人聆聽

⚙ 只有自己大聲聽，謹守禮儀不可或缺的耳機和頭戴式耳機

　　智慧型手機和耳機是最佳拍檔，買手機時甚至也會附上耳機。最近，無線的藍牙耳機深受歡迎。不僅智慧型手機，只要產品具備播放音樂的功能，耳機或頭戴式耳機皆是不可或缺的。在必須要聆聽音訊又要避免吵到他人的情況下，或者想要更直接用耳朵聆聽音樂時，耳機更能發揮它的功用。

⚙ 頭戴式耳機

　　頭戴式耳機是美國發明家納撒尼爾．鮑德溫於 1909 年發明的，據說是在廚房中製造出來，原為供應給美國海軍的產品。

　　用來聆聽音樂的產品是 1937 年由德國拜雅（Beyerdynamic）公司開發，產品名稱為 DT-48。公司創辦人尤根．拜爾（Eugen Beyer，1882～1940）看著當時的揚聲器，決心開發頭戴式耳機。因為他曾經目睹有人不想聽到聲音卻被迫聽著的場面。他認為，如果把揚聲器做得比人的耳朵小，就能在不打擾別人的情況下聆聽音樂。拜爾製作的頭戴式耳機是動圈型耳機，用電磁鐵讓纏有線圈的塑膠製振膜振動來發出聲音。這也是現今頭戴式耳機最常使用的構造。

⚙️ 耳機

耳塞式或進入耳朵的耳機，稱為「入耳式（in-ear）」耳機。聽音樂用的耳機在1980年代以後登場，但以聽聲音為目的而製作的產品，早在19世紀末就已問世。法國電氣工程師厄尼斯特・梅卡迪耶在1891年獲得入耳式耳機專利，他是為了方便講電話而製作的。

隨身聽

1979年，日本公司索尼推出名為隨身聽（Walkman）的錄音帶播放器。隨身聽的體積小巧，可以隨身攜帶，就此開啟戶外聽音樂之路。要用隨身聽聽音樂，就一定要有耳機。為方便攜帶，耳機尺寸也變小了。1982年出現了比頭戴式耳機還小的入耳式耳機。

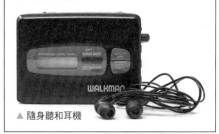

▲ 隨身聽和耳機

用噪音消除噪音的降噪

降噪（noise-canceling）是一種消除噪音的技術。聽音樂時，消除周圍的噪音，讓人得以專注在音樂上。1933年，德國物理學家保羅・盧格（Paul Lueg）提出降噪概念並申請專利。1950年代，美國工程師勞倫斯・福格爾（Lawrence Fogel）發明降噪頭戴式耳機，目的在於保護直升機飛行員的聽力。商業化的降噪頭戴式耳機在1980年代中期問世。1978年，阿瑪爾・博斯（Amar Bose，1929～2013）博士搭乘飛機出差時，雖然戴了頭戴式耳機，但由於客艙噪音太大，無法好好聆聽音樂，所以他決定製作降噪頭戴式耳機。1986年初，第一個試製品問世。

噪音也具有振動，只要給予反向的振動，振動就會相互抵消且消失。也就是用噪音來消除噪音。當耳機外部的麥克風檢測到噪音時，處理器會產生反向的振動來消除噪音。

溜滑梯
slide

以重力和能量作為
遊戲原理

⚙ 只是滑下來卻趣味十足的遊樂設施 —— 溜滑梯

　　首度發明溜滑梯的人是英國發明家查爾斯・維克斯蒂德，1922年製作而成，高4公尺，採斜置木板的形式，兩側沒有扶手。1929年，他用木材和鐵加以改良，並將末端做成曲線，這樣溜到下方時會減速。5年後，材料改為只使用鐵，兩側也設有安全扶手。

⚙ 世界上最高最長的溜滑梯

　　位於英國倫敦伊麗莎白女王奧林匹克公園的奧林匹克紀念造型物，阿塞洛米塔爾軌道塔（ArcelorMittal Orbit）高達115公尺。從瞭望台下來時，可以乘坐溜滑梯（The Slide）滑下來。它由比利時裝置藝術家卡斯坦・霍勒（Carsten Höller）所創作。溜滑梯高76公尺，長178公尺，用可以看見外面的透明塑膠包覆滑道，溜下來需要40秒。

▲ 阿塞洛米塔爾軌道塔

⚙ 水上溜滑梯

水上溜滑梯（water slide）是水上樂園不可或缺的遊樂設施，可直接躺入或乘坐救生圈或橡皮艇使用。世界上最長的水上溜滑梯在馬來西亞的檳城。2019年，位在叢林裡的主題樂園製作出長1111公尺、高70公尺的水上溜滑梯。在此之前，美國紐澤西州主題樂園長605公尺的水上溜滑梯為全世界最長。

⚙ 飛機逃生滑梯

飛機發生緊急情況時必須迅速逃生。航空法規定，飛機發生緊急情況時，所有乘客和機組成員必須在90秒內疏散完畢。走樓梯疏散需要很長時間，所以使用逃生滑梯（escape slide）。從內側看飛機門的話，下方厚厚凸出的部分，就是逃生滑梯的所在位置。

逃生滑梯啟動後，內部的氮氣會迅速膨脹，10秒內就將滑梯充滿氣。滑梯是纖維材質容易被劃破，所以眼鏡或高跟鞋等尖銳物品要拋棄後再搭乘。飛機掉入水中時，逃生滑梯也能作為救生艇使用。膨脹式逃生滑梯是1965年在澳洲航空（QANTAS）擔任安全監督官的傑克·格蘭特（Jack Grant）發明的。

溜滑梯的原理

因為地球重力的緣故，在溜滑梯上會有被向下牽引的作用力。位於高處的物體具有位能，原先停在溜滑梯出發點的物體，因為位置下滑造成位能下降並轉變成動能，動能加快了下滑的速度使物體能快速滑下。物體與溜滑梯的接觸面會產生摩擦力，因為摩擦力發揮作用，所以位能不會全部轉換成動能。若將接觸面變得光滑，摩擦力就會減少。

電視
television

在箱子裡發生的
影像魔法

⚙ 電視是遠距觀看之意

　　電視（television）縮寫為 TV，意即遠距（tele）觀看（vision）。電視台將影像聲音轉換成電波發送，家裡的電視接收到該電波後再重製成影像顯示在螢幕上。高山上有電視台的發射站，負責將電波傳到空中。家家戶戶為了接收電波，會在屋頂上安裝天線。公寓大樓等公共住宅則會在樓頂安裝公用天線，再將電波傳送給每一戶。把電視連接到牆上的天線接頭上，即可看到播送內容。最近網路電視很發達，如同用電腦上網，電視與網際網路連接就能接收影像資訊。雖然無需天線，但接收網際網路業者發送的訊號後播放影片，仍不背離電視的原意：遠距觀看。

⚙ 將電子訊號轉換成影像的裝置發明比電視更早

　　電影裡經常出現空間移動的橋段。主角進入一台機器後，再從遠處的另一台機器跳出來。概念是將身體分解成小塊，移動後再重新結合。雖然科學上看起來不可能，但類似的概念在我們周圍也能見到。以搬家為例，家裡的東西一個個拿起來，移到要搬去的家中。而到了新家，其實只是換了地方，裡頭還是與以前一模一樣。

　　電視也一樣。影像是照片的連續呈現。1 秒內連續展示數十張照片，就能完成動態影片。將照片像馬賽克一樣細切，轉換成電子訊號後送出，電視收到電子訊號後再將馬賽克重新組裝完成照片。就像是幫照片大搬家，整個過程相當快速。只要再將照片連續播放，就變成影片。

雖然電視發展蓬勃，但始終維持分割傳送、重新組合播放的基本原理。1884年，德國發明家保羅‧尼普考（Paul Nipkow，1860～1940）製作出尼普考圓盤（Nipkow disk），是用兩個圓盤來還原物像的裝置。1897年，德國科學家卡爾‧布勞恩（Karl Braun，1850～1918）開發出布勞恩管（Braun tube），是在真空玻璃管內塗上螢光物質，使電子訊號成像的裝置。這兩項設備成為貝爾德製作電視的基礎。

⚙ 1929年首次播放電視節目的英國公營廣播公司 BBC

發明電視的第一人是英國技術人員約翰‧貝爾德。1925年，他組合尼普考圓盤和布勞恩管，製造出稱為「收影機（televisor）」的機械式裝置，讓尼普考圓盤1分鐘旋轉600次來做成影片。1929年，英國公營廣播公司 BBC 首次播放電視節目。而首次進行定期播放的則是在德國，於1935年，每週播放3天、每天播放1小時30分鐘。

貝爾德製作的電視是機械式的，所以畫面不佳。電子式電視為俄裔發明家弗拉基米爾‧佐里金（Vladimir Zworykin，1888～1982）和美國工程師費羅‧法恩斯沃斯（Philo Farnsworth，1906～1971）在1920年代發明。兩人競相投入電視的開發，創制出電子式電視。

⚙ 利用光的三原色製造出天然色的彩色電視

彩色影像傳輸技術自20世紀初開始登場，開發黑白電視之時，就曾嘗試在螢幕上添加色彩。1951年，美國廣播公司 CBS 首度播出彩色電視節目。彩色電視顯示的是完全自然的彩色畫面。顏色超過數萬種，但基本色只有三種：紅（red）、綠（green）、藍（blue），三種顏色被稱為光的三原色。彩色電視利用光的三原色製造出自然色。

彈翻床 trampoline

沒有翅膀也能飛向空中

⚙ 彈翻床是每個人小時候都曾玩過的遊戲

去兒童遊戲室的話，一定會有跳跳床。跳跳床、蹦蹦床、蹦床、彈跳床名稱不一，正式名稱為彈翻床（trampoline）。

雖然彈翻床是在20世紀登場，但自古就有類似用途的東西。據說在中國和埃及，數千年前就曾使用類似彈翻床的裝置。生活在北極的愛斯基摩人也利用海象皮，將人彈向空中來遊戲。

⚙ 超越遊樂設施，彈翻床獲認可為正式運動

現代彈翻床是美國體操選手喬治・尼森和教練拉里・格里斯沃爾德在1934年發明的。他們看到馬戲團雜技演員使用有彈力的墊子，從中獲得靈感。最初製作的彈翻床，是將布塊拼接成一大片，再連結多個彈簧的樣式。經過多次改進，終於在1941年申請專利。

彈翻床也是奧林匹克運動會的正式比賽項目。一般認為這是給孩子們彈跳玩耍的單純遊樂設施，沒想到竟是奧運會的正式比賽項目。1940年代中期，美國首次舉辦彈翻床大賽，1950年代舉辦正式比賽。自2000年雪梨奧運會起，彈翻床成為奧運會的正式比賽項目。

彈翻床（trampoline）名字的由來

第一，據說來自西班牙文中意指彈力板的「el trampolín」。
第二，據說源自義大利雜技演員在彈翻床表演途中，掉入安全網後彈起的軼事，因此引用其名。

彈翻床利用彈性

彈性是物體受力變形後，又再返回原本狀態的一種性質。
彈簧拉長後再縮回去，或者球落到地上會彈起的現象
都是彈性所致。彈翻床使用彈力墊和彈簧，具有能夠
返回原來狀態的特性。人一跳上去，墊子和彈簧會先
塌下來，然後返回原來的狀態、把人往上彈。

遊戲機
video game console

家裡變成遊樂場

⚙ 電腦、智慧型手機、電視上都能玩的電玩遊戲

　　如果要選出20世紀的最佳發明，電腦和電視絕對是榜上有名。雖然電腦和電視本身就是重要發明，但兩款產品的結合更造就出「電玩遊戲」的龐大產業。儘管遊戲（game）一詞是遊戲的統稱，但電玩遊戲登場後，「遊戲＝電玩遊戲」的認知越來越普遍。

　　電玩遊戲的種類和方式五花八門。進行遊戲的機器種類也多得數不清。家家戶戶都有一台的電腦，幾乎人手一機的智慧型手機，都可以作為玩遊戲的工具。現在網路發達，在網路上也可以玩遊戲。如果想用大一點的螢幕玩，還可以將遊戲機連到電視上。

⚙ 首款商業遊戲機 —— 奧德賽

　　首款商業遊戲機的產品是1972年推出的「美格福斯奧德賽（Magnavox Odyssey）」，內有12款遊戲，備有2個控制器，以轉動旋鈕的方式操縱樂桿，執行上下左右的操作。後來，各式各樣的遊戲機問世，遊戲機產業持續發展。

　　最近，提到遊戲機，人們會想到豎立的長方形盒子。全世界的人對遊戲機有這樣的印象都是來自2000年索尼公司推出的 PlayStation 2（PS2）。PlayStation 2是電玩遊戲史上公認最成功的遊戲機，在全世界銷售出1億6000萬台。PlayStation 2上市後，微軟也推出了 Xbox。這兩款機器是21世紀遊戲機的代表機型。

⚙ 電玩遊戲的起源為電腦遊戲

1947年，將發射飛彈射中目標物的遊戲內容以雷達裝置呈現的「陰極射線管娛樂裝置」問世。雖然後來也有幾款電玩遊戲推出，但皆為宣傳或研究用而製，與以娛樂消遣為目的之遊戲相去甚遠。可被稱為「首款」的遊戲是1958年物理學家威廉‧希金伯泰（William Higinbotham，1910～1994）創製的《雙人網球（Tennis for Two）》。這是美國布魯克黑文國家實驗室（Brookhaven National Laboratory）為提供訪客消遣娛樂所製作。遊戲內容為傳接球，將簡單的操作器連上示波器（oscilloscope）而成。示波器指的是透過布勞恩管，用肉眼觀察電氣訊號波形變化的裝置。

⚙ 首款上市的掌上型遊戲機——

Auto Race

不同於必須連接電視的家用遊戲機，掌上型遊戲機可以隨身攜帶。掌上型遊戲機附

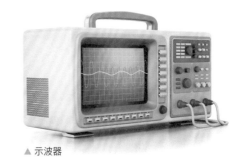

▲ 示波器

有液晶螢幕，電力來源為裝載的電池。早期的掌上型遊戲機一台只能裝載一款遊戲，且螢幕解析度相當低。1976年，美國玩具公司美泰兒（Mattel）推出的 Auto Race 是首款掌上型遊戲機，使用 LED 螢幕，遊戲內容為躲避障礙物。

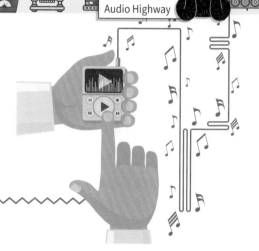

1996年，美國
Audio Highway

MP3
播放器

MP3 Player

時隔120年的音樂聆聽方式變革

⚙ 過去聽音樂必須要有播放裝置和內含音樂的儲存媒體

自1877年愛迪生發明留聲機以來，這個方式逾百年未變。雖然儲存媒體持續發展，從黑膠唱片、錄音帶到光碟等，但所需的裝置和媒體構造一如既往。1990年代後期，時隔120多年，這種方式終於產生變化。有了MP3播放器就不再需要儲存媒體，音樂播放方式的變化產生了重大革新。

⚙ 1987年首次登場的MP3檔案

MP3指的是製作或聆聽擁有良好的音質及壓縮率的音樂檔案的裝置或技術。MP3是數位音樂產業的開始。在此之前，音樂收錄在錄音帶或光碟等物理性媒體中再播放聆聽。MP3檔案是肉眼看不見的檔案，可隨手存入記憶體裝置。透過電腦或智慧型手機等數位機器就能簡單輕鬆聆聽音樂。播放器的尺寸也大幅變小。

MP3檔案是由德國弗勞恩霍夫（Fraunhofer）研究所開發的，自1990年代中期開始用來作為電腦音檔。優點是減少音源損失，同時減少容量。將原先在電腦上播放的MP3檔案放進可攜式機器上聆聽的企圖，進一步促成MP3播放器的開發。

⚙ 第一個成功商業化的MP3播放器是韓國製

MP3播放器在1996年首度問世。雖然Audio Highway製作出名為「好好聆

聽（Listen Up Player）」的MP3播放器，但未能大眾化。成功商業化的MP3播放器是韓國製的。DigitalCaste的黃鼎夏社長和職員沈永哲（音譯）成功開發，1998年推出「MPMan F10」產品。此後，MP3播放器在全世界大受歡迎，錄音帶和光碟沒落。隨著手機和平板電腦等音樂播放機器的增加，曾經撼動市場的MP3播放器也消失於市場。

⚙ 不儲存、只收聽的串流

MP3播放器無需儲存媒體且使用方便，但必須經歷放入檔案的過程。串流（streaming）根本無需此一過程。像電腦或智慧型手機一樣，從連接網路的裝置下載檔案，同時直接播放，檔案沒有存入機器也沒關係。既不需要儲存空間，又可以自由使用其內容。

MP3 的代名詞 —— iPod

雖然 MP3 播放器的商業化始於韓國產品，但最具代表的產品是蘋果公司的 iPod。2001 年上市的 iPod，雖然晚於 MP3 市場開啟的 1998 年，但人氣扶搖直上，僅僅 10 餘年就在全世界銷售 2 億 8 千多台。iPod 受歡迎的祕訣是簡單洗練的設計和 iTunes 的音樂管理服務。使用 iTunes，購買、搜尋或管理音樂都相當方便，輕輕鬆鬆就能使用 iPod。隨著可替代 MP3 播放器的 iPhone 問世，iPod 的需求減少，但仍然是 MP3 的代名詞。

發明物的世界紀錄

- **全世界最大的電波望遠鏡** 是中國的「500米口徑球面無線電望遠鏡（FAST）」，又名天眼。它位在貴州省平塘縣山林地帶，直徑500公尺，面積為25萬平方公尺，相當於30多個足球場。從2011年到2016年，光是工程就耗時5年才完成。電波望遠鏡接收太空中漂浮物質發出的訊號，再用電腦重組。物質體積越大，越容易探測到電波。

- **羽毛球最高速度金氏世界紀錄** 羽毛球是球類運動中球速最快的。一般時速在300公里以上，但上榜金氏世界紀錄的球速更快。2017年丹麥羽毛球選手馬德斯・皮勒爾・科爾丁（Mads Pieler Kolding）在印度的比賽中創下球速426公里的紀錄。據說，他還曾在非正式比賽中達到球速490公里。

- **世界最大規模的籃球教室** 籃球創始人詹姆斯・奈史密斯在為學生尋找運動時發明籃球。時至今日，籃球仍然是學生喜愛的運動。2017年，NBA籃球選手凱文・杜蘭特（Kevin Durant）參加NBA學院在印度新德里附近舉辦的籃球教室擔任一日講師。印度其他地區的孩子們也透過衛星轉播參與其中，總共3459人參加，登上金氏世界紀錄。

- **自行車最高時速** 普通人騎自行車時，一般時速為15至20公里，快則可達40公里。記錄速度用的自行車，其紀錄甚至更快。2018年，女騎手丹妮絲·穆勒－柯芮妮克（Denise Mueller-Korenek）在美國博納維爾鹽灘騎自行車，創下時速高達295.958公里的紀錄。其方式是先以賽車牽引自行車，行駛約6.4公里自行車加速，剩下1.6公里時自行車與賽車分離，憑騎手的力量行駛、締造紀錄。自出發起就全憑人力創下的最快紀錄是2016年「世界人類動力速度挑戰」大賽上達成的時速145公里。創紀錄者騎的自行車不同一般，其外形有如火箭。

- **全世界最暢銷遊戲機** 以2020年為基準，全球最暢銷的遊戲機是索尼公司的PlayStation 2，總共銷售1億5770萬台。PlayStation系列的其他款遊戲機也占據第2、3、5名。PlayStation總銷售量達4億5800萬台。

- **世界上最大的光學望遠鏡** 是「巨型麥哲倫望遠鏡（GMT，Giant Magellan Telescope）」。由美國、澳大利亞、巴西、韓國、智利5國參與，目前正在智利製作中，預計在2020年代後期啟用。由7座直徑為8.4公尺的反射鏡組合製作，有效直徑達25.4公尺。一個反射鏡重17噸，從製作成型、表面研磨至完成，耗時超過3年。光學望遠鏡可以觀測可見光區域中的星星。望遠鏡設置的場所為智利的拉斯坎帕納斯（Las Campanas），海拔2500公尺，1年有300天以上處於乾燥的氣候，幾乎沒有遮蔽視野的雲層，非常適合觀察太空。

第6章

彼此更親近、
走得更遠

當今社會大幅發展，甚至可說世界上已經再也沒有新東西了。我們熟悉的發明也是早在18至20世紀就全都出現。雖然不知道是否還有新東西誕生，但隨著社會發展，出現了前所未有的領域。當今時代最新的事物是數位。數位意指用數字表達的方式，簡單說就是與電腦相關的事物。

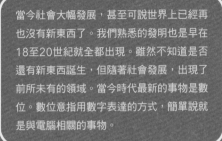

352.515

AC	+/_	%	÷
7	8	9	×
4	5	6	-
1	2	3	+
0	.		

與電腦同樣不可或缺的就是手機，尤其是智慧型手機。智慧型手機為生活帶來巨大改變。電腦與智慧型手機的大眾化，其實不過20至30年的光景，卻對生活產生重大影響。數位是全新的領域，現今仍在蓬勃發展中。智慧型手機可謂是電腦的延伸，有如行走的電腦一樣，成為我們總是隨身攜帶的必要設備。現在，我們生活在網路世界裡。連上網後，展開的是不同於現實的另一世界。那裡可以獲取各種資訊，與生活在世界各地的人見面。

電腦 computer

始於計算機的
萬能裝置

⚙ 電腦看起來像萬能裝置，但本質是計算機

電腦的本質是計算機。名稱也源自計算之意的拉丁文「computare」。計算機的起源，可以追溯到西元前3000多年前美索不達米亞人使用的計數板。古希臘和羅馬是使用算盤。用機械計算的工具，則是1642年由法國數學家暨哲學家布萊茲・帕斯卡（Blaise Pascal，1623～1662）所製的加減法機械式計算機。德國數學家哥特佛萊德・萊布尼茲（Gottfried Leibniz，1646～1716）在1671年設計了能夠進行四則運算（加減乘除法）的步進（stepped）計算機。（詳細內容請參考〈電子計算機〉篇）

首度問世的電子計算機是1939年推出的ABC計算機，由任職於美國愛荷華州立大學的約翰・阿塔納索夫和克利福德・貝里共同製作，裝有280個真空管和1.6公里的電纜。後來，以世界最早的電腦聞名的ENIAC（中文名為「電子數值積分計算機」）在1946年問世。它是由曾任職於賓夕法尼亞大學的約翰・莫奇利（John Mauchly）和普瑞斯伯・艾克特（Presper Eckert）發明。ENIAC裝有1萬7000個真空管，為計算炮彈彈道的軍事目的而製，體積龐大，重30噸。

⚙ 個人電腦在1970年代登場

可以放在桌上使用的小型個人電腦，由1971年推出的Kenback-1、1973年推出的Xerox Alto、1974年登場的Altair 8800打前鋒。大量生產且成就個人電腦大眾化的產品，則是1977年推出的Apple II。1981年，IBM推出了個人電腦5150，被稱為IBM PC，成為個人電腦市場的代表典範。

❀ 電腦擴展了人類智能

人類是使用工具的動物，會用工具克服身體能力的不足，再加以發展。機械能代為執行人的身體難以做到的工作，如起重機能提起重物，汽車能快速移動。電腦是代替人腦的工具，可以非常快速且準確地完成複雜計算。用人類智能會耗時許久或做不到的工作，電腦則可以順利處理。在當今時代，幾乎沒有任何一處是用不到電腦的，電腦已成為生活和社會的必需品。設計複雜建築、自動運轉機器、處理公司業務、管理超市物品等，所及之處都有電腦在工作。能在做作業時方便查詢資料，或者享受遊戲的樂趣，也是拜電腦之賜。

❀ 電腦之王，超級電腦

超級電腦指的是計算性能極佳的電腦，速度比一般電腦快數千萬至數億倍。用一般電腦難以處理或耗時久的作業，就適用超級電腦。代表性領域是氣象預報，以數十年來累積的資料為基礎，分析現時全球與相關地區的氣候資訊來預測天氣。如此龐大的計算工作，不要說一般電腦了，即便使用超級電腦，也得要使用性能卓越的產品才可能完成。除此之外，在武器開發、宇宙探險、人工智慧、疾病治療方法開發等諸多領域，超級電腦也發揮其實力。

二進制、真空管和電晶體

二進制　電腦利用電流來做計算。通電是1，不通電是0。就像打開電開關會亮燈，關掉會熄燈的原理一樣。只利用0、1兩數字的數系稱為二進制。電腦利用二進制數字來識別資訊。二進制數字相當於電腦使用的語言。

真空管　裡面真空的玻璃管。內有燈絲和調節電流的幾個零件。結構與白熾燈泡相似。真空管調節電流生成數字0、1，轉換成電腦能懂的語言。電腦上使用很多真空管，導致體積變大、容易發熱，且故障頻繁，管理上相當不容易。

電晶體　雖然與真空管功能類似，但是由矽材製作成的小尺寸。積體電路稱為半導體，可發揮數百數千萬個晶體管的作用。電腦內指甲大小般的黑色零件就是半導體。

條碼 & QR碼
bar code & QR code

以條形和點形表現的記號

⚙ 條形內的記號含有商品資訊 —— 條碼

條碼是指用條形（bar）表現的記號（encode）。條碼在1948年首次登場，由就讀卓克索大學的諾曼・約瑟夫・伍德蘭和同學伯納德・席佛一起發明。蔬菜店老闆提出需要能夠知道商品資訊的系統，伍德蘭和席佛收到意見後便開始開發。

靈感來源是看到海邊沙灘上畫出的長形摩斯電碼。他們利用黑色吸收光線、白色反射光線的現象，想出在條形之間配置間隔，就像摩斯電碼一樣暗藏資訊的原理。因為讀取條碼的技術尚未問世，所以直到1974年才開始使用條碼。1974年6月26日，條碼首度被使用在美國俄亥俄州超市販售的口香糖上。

條碼的原始形狀是圓形。伍德蘭開發條碼時，為了讓條碼可從任何方向讀取，所以想到圓形條碼。四方形和圓形條碼都取得了專利。

⚙ QR碼的個數相當於無限大

COVID-19疫情期間，進出公共場合需要掃QR碼登記實名制，在韓國則是會發行QR碼給已注射過疫苗的民眾。光是這些，被發行的QR碼就超過數千萬個，但不用擔心QR碼會不會出現重疊。QR碼的個數幾乎是無限大。

QR 是「快速反應（Quick Response）」的縮寫。
QR 碼由日本工業機器公司 Denso Wave 所創。
1994年，為豐田汽車供應部件的 Denso 開發
出 QR 碼，目的是快速追蹤部件。

最小的 QR 碼是長寬各有21個小方格，
合計441個，其中實際使用的是238個。每
格根據塗黑或不塗黑分為兩種情況。全部
238格，2連乘238次（即2^{238}），就是可做出的
QR 碼個數，足足有72位數。1億是9位數，72
位數究竟多大，根本無法估量。可視為幾乎無法計
算的無限大。最大的 QR 碼是長寬格數各177個，若尺
寸變大，能做出的數量還可以再增加。

用雷射讀取的條碼和 QR 碼

若將雷射照到條碼或 QR 碼上，感測器會測量光線反射傳回多少。由於白色部分反射較多的光，感
測器則利用區分暗部和亮部的方式來讀取資訊。讀取的值分為0和1，再將之轉換成文字和數字來
取得所需資訊。

條碼是利用直線的粗細之分，由電腦識別為0或1。包含文字和數字，只能表現20字左右。為容
納比條碼更多的資訊，QR 碼問世。根據棋盤格子呈現明或暗來區分0和1，且不分方向，無論從
哪個方向都能讀取。可容納7000多個數字、4300多個英文字元。除了英文以外，還可以加入其
他文字或圖像。

可製作又可讀取條碼和 QR 碼的智慧型手機

條碼和 QR 碼都是黑色與白色的組合。即使沒有專用機器，只要能夠區辨黑白即可判讀。智慧型手
機也是優良的判讀機器。用智慧型手機的相機照條碼和 QR 碼，程式就能判讀黑白部分、取得內
含資訊。反之，用智慧型手機也可以輕鬆製作條碼或 QR 碼。輸入資訊後，程式會製成條碼或 QR
碼，傳送至螢幕上。製作的條碼或 QR 碼可用於付款、邀請連結、出入許可證、名片等多樣用途。

1967年，美國
傑瑞·梅里曼（Jerry Merryman，1932～2019）、傑克·基爾比（Jack Kilby，1923～2005）、
詹姆斯·范塔賽爾（James Van Tassel，？）

電子計算機
calculator

數字計算不再令人頭疼

⚙ 計算機的範圍非常廣

　　數學不是單純解題的科目。實際上，數學對生活到處都有重大影響，使人類生活更方便的產品幾乎都是以數學或數字為基準製作而成的。生活中要處理數字的事情很多，也經常使用計算機，智慧型手機也有內建計算機。

　　能夠計算數字的工具，都可稱為計算機。用手指撥珠的算盤是計算機，電腦也是一種計算機。用手指也可以數數，所以手指也是計算機。雖然手指只有10隻，但連指節都運用的話，計算範圍就可以變大。人類從史前時代就開始計算，用石頭或骨頭碎片數數的行為就是計算。

⚙ 計算機問世之前主要使用算盤

　　過去，人們使用各種方法來計算數字。在計算機廣泛使用之前，算盤扮演著計算機的角色。算盤是在一方框內配置多顆扁圓珠子的計算工具。算盤一直使用到1990年代初期左右。銀行也曾使用，還有很多補習班教導用算盤來算數的珠算。

　　算盤的起源可以追溯到西元前3000至4000多年前。在美索不達米亞地區，人們會在平板上撒沙子，畫線後放上小石頭來進行計算。西元前600多年前，希臘和羅馬也在木板上畫多條線後用石頭計算。遺留下來的算盤中，最古老的是推測為西元前300多年前起巴比倫人使用的薩拉米斯算盤（Salamis Tablet）。這是1846年在薩拉米斯島發現的大理石板製算盤。

與現今形態相似的算盤，則是中國使用的算盤。中國開始使用算盤的時間並不明確。西洋算盤傳到中國的說法也未獲證實，看來東西方應是分別發展。與現今形態相似的算盤，據說從13世紀左右開始使用。算盤用竹子製作，區分上下兩個區塊，上方配置2顆算珠、下方5顆。按照推測，算盤是在朝鮮中期左右傳入韓國。

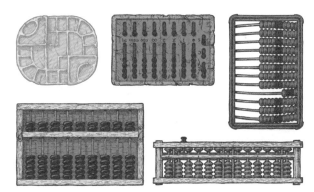

▲ 全世界的算盤：印加帝國、羅馬、俄羅斯、日本、中國（從上到下順時針方向）

✿ 既是計算機，又是電腦的始祖 —— ENIAC

機械式計算機是法國數學家布萊茲・帕斯卡（1623～1662）在1642年製作而成。他為計算稅金的父親開發的這台機器，轉動齒輪就能完成加減法。能夠做乘除法的計算機，則是1673年由德國數學家哥特佛萊德・萊布尼茲（1646～1716）發明建造。正式的電子計算機是1946年推出的ENIAC。ENIAC是為計算炮彈彈道之目的而製，既是計算機，又被稱為電腦的始祖。

✿ 1970年起開始正式使用的電子計算機

日常生活中常見的可攜式或桌上用電子計算機，是在手掌大小的方塊板上，加裝數字鍵盤和顯示數字的小型液晶螢幕而成。可攜式電子計算機由美國電氣工程師傑瑞・梅里曼、傑克・基爾比、詹姆斯・范塔賽爾等3人共同開發。目的在於製造一款計算工具，取代當時盛行的計算尺。他們在1965年開始開發，1967年申請專利。1970年，日本企業將可攜式電子計算機商業化，正式開啟計算機時代。

鍵盤 keyboard

人與電腦連接的通路

⚙ 要向電腦下達命令，必須要有鍵盤

人生在世會學寫字。近來，人們從小習慣智慧型手機，使用電腦時，還得學習電腦的鍵盤打字法。鍵盤要十根手指全用，才能快速輸入。

隨著1970年代個人電腦的普及，鍵盤成為必需裝備。從電腦發明後到1960年代，在電腦輸入資料時主要使用穿孔卡。穿孔卡是打了洞孔的紙。隨洞孔的不同，其意義也不一樣。首次使用鍵盤作為輸入裝置的電腦是 CTC 在1967年推出的 Datapoint 3300。主機與鍵盤融為一體，可以一邊看螢幕，一邊輸入和修改文字。

⚙ 鍵盤是在電腦上寫字的裝置，打字機是在紙上寫字的裝置

鍵盤的形態在電腦問世之前就已存在。電腦是用鍵盤在螢幕上顯示文字，打字

機是在紙上顯示文字的裝置。據說最早的打字機是英國發明家亨利‧米勒（Henry Miller，1683～1771）在1714年製造的，但相關紀錄幾乎沒有留下，後來又有多款打字機問世。

現今使用的打字機，源於1868年美國發明家克里斯多福‧肖爾斯（Christopher Sholes，1819～1890）用墨水帶製作的產品。按下字鍵，紙上就會印上一個一個的字。最初推出時，字鍵採取鋼琴

鍵盤的方式排列，兩年之後，開發出與現代鍵盤配置相似的產品。鍵盤的文字排列與字母順序大體一致。

✿ 鍵盤字鍵不是按照字母順序

今日鍵盤上的字鍵排列大多相同。有字的部分從最上面左側開始依序是QWERTY。按照字母發音稱為「柯蒂」鍵盤。這樣的排列是由開發打字機的克里斯多福·肖爾斯在1873年改良後推出的產品開始的。最初，該鍵盤是為了用來傳送摩斯電碼而製，字鍵原先是按照字母順序排列，但連續快速打字的話，容易出現卡鍵問題導致打字不順。於是他將常用字鍵分散排列後，柯蒂鍵盤便問世了。1874年，以美國槍支公司聞名的雷明頓（Remington）將肖爾斯製作的打字機商業化，打字機便廣泛普及。

✿ 鍵盤向電腦發送電訊

按鍵盤上的字，螢幕就會顯示該字。電腦如何知道已經按下鍵盤？又怎麼知道按了哪個字鍵？按下字鍵後，鍵盤會向電腦發送電訊。電腦分析訊號，找出按壓哪個字，並且顯示在螢幕畫面上。鍵盤內有字鍵和底面個別通電的薄膜。平時字鍵會與薄膜分開，一旦按下字鍵，字鍵與薄膜貼上就會通電。鍵盤發出電訊的方式就如同開關電燈一樣。鍵盤的種類，依按鍵方式分為很多種，但發送電訊的基本原理是一樣的。

穿孔卡

穿孔卡意指打了洞孔的紙。個人電腦問世之前，向電腦輸入資訊所使用的是穿孔卡。在標有數字的紙上，以電腦能解讀的0、1二進制的方式穿孔（穿孔與不穿孔即為一種二進制）。光學劃記符號讀取（OMR，optical mark reader）卡也是一種穿孔卡。以塗黑取代穿孔，照光便能讀取並顯示資訊。

1968年，美國
道格拉斯‧恩格爾巴特（Douglas Engelbart，1925～2013）、
比爾‧英格利希（Bill English，1929～2020）

滑鼠 mouse

伴隨電腦的老鼠

滑鼠是為了在螢幕上標示位置而製

1968年，任職史丹佛研究所工作的美國電腦科學家道格拉斯‧恩格爾巴特及其同事比爾‧英格利希發明滑鼠。1963年，恩格爾巴特想到在螢幕上標示位置的概念，於是英格利希將概念實體化、發明出滑鼠，並在1968年，於視訊通話展示會上展示了滑鼠。當時，如果不是專家，操作電腦並非易事，為了讓電腦的使用更為容易，所以才製作出滑鼠。恩格爾巴特的滑鼠問世之前，類似的幾款發明也曾公開亮相，但它們與現今使用的產品不同，惟恩格爾巴特製作的產品被視為現代式滑鼠的始祖。

恩格爾巴特製作的滑鼠，採取木盒連接電線的形態。盒內有兩個齒輪垂直嚙合，可使螢幕上的游標上下左右移動。雖然滑鼠在1970年取得專利，但從個人電腦問世的1980年代初才開始被做成產品。羅技、蘋果、微軟等電腦與周邊設備製造公司開始推出滑鼠。

滑鼠這個名字，雖然不確定是誰取的，但它外觀像是一隻帶著尾巴的老鼠，所以研究所職員稱之為滑鼠（mouse）。

機械滑鼠 vs 光學滑鼠

- **機械滑鼠** 滑鼠內有一顆小圓球。計算圓球的滾動方向和移動距離來判斷滑鼠的位置。缺點是夾進異物就無法正常運轉。

- **光學滑鼠**　光感測器會偵測滑鼠所發射出的光的反射，利用反射的變化判斷位置。雖然不像機械滑鼠會有夾進異物的情形，但光學滑鼠在玻璃之類無法反射的材質上會無法正常運作。現今大多使用的是光學滑鼠。

⚙ 沒滑鼠也能操作電腦的觸控板

　　對於桌上型電腦，滑鼠有如必需品，總是伴隨在側。筆記型電腦不一樣，由於重視可攜性，主機內建了觸控板。這一塊四方形的板子可以識別手指動作，發揮滑鼠的作用。不用滑鼠也能操作電腦。當然，筆記型電腦也可以連接滑鼠使用。

▲ 觸控板手勢

液晶螢幕
LCD(liquid crystal display)

一次擁有液體與固體的性質

⚙ 使用液晶的顯示器 —— LCD

熔岩不是液體，但會慢慢流下來。布丁或果凍看似為固體塊，但軟軟的又有彈性。用噴霧器灑水的話，很難區分是空氣還是水。物質除了我們知道的固體、液體、氣體外，還存在中間狀態。液晶也是其中之一。液態結晶（liquid crystal）簡稱為液晶，是液體和固體的中間狀態物質。液晶主要用於智慧型手機、平板電腦、顯示器、電視等電子設備的螢幕。使用液態結晶的螢幕簡稱為 LCD。

進入 1960 年代，人們了解到液晶物質可以通電，也可以調節光的強弱，正式開始使用液晶。LCD 的結構是在薄玻璃板之間填充液晶物質。液晶物質通電時，分子方向會改變，通過的光量也會發生變化。LCD 利用這種現象，藉光線通過或阻斷而產生明暗部，在螢幕上顯示各種資訊。再加上濾色片，通過液晶的光便有了顏色，即成彩色螢幕。1968 年，任職於美國電子企業 RCA 的工程師喬治・海爾邁耶首度製成測試用 LCD。

⚙ LED 和 OLED

因為是用人的肉眼觀看電視，所以電視畫面必須夠明亮。電視依照發光方式分為 LED 和 OLED。LED 的螢幕本身偏暗，是用 LED 燈從螢幕背後照光，過去則使用螢光燈。OLED 電視使用自發光的有機發光二極體來製作螢幕。即使不從螢幕背後照光，螢幕本身也會發光。因為不需裝燈所以厚度也薄，可以捲起來或折疊。

液晶顯色的原理

對液晶施加電壓時，光無法通過；關閉電壓時，光得以通過。通過液晶的光是紅色、藍色、綠色，三種顏色形成光點，組合起來可以表現所有顏色。

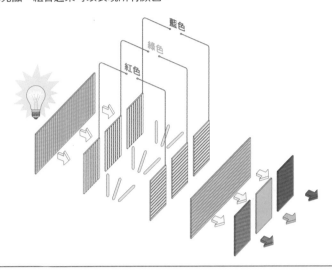

網際網路
internet

現實中的虛擬世界

⚙ 電腦和電腦連接的系統 —— 網際網路

　　我們生活在兩種世界裡：現實世界和虛擬世界。只要打開電腦或智慧型手機，就能進入網際網路的世界，在此學習、獲取資訊、結交朋友、投入嗜好、到地球另一端的國家利用文字、照片和視訊進行各種活動。現實世界中經歷的事情也可以直接發生在網際網路上。網際網路已經成為我們生活的必需品，沒有網際網路就很難做任何事。

　　網際網路意指連接多個通訊網的「Inter-network」，網際網路的鼻祖是ARPAnet，該系統連接了所屬美國國防部防衛高等研究計劃署的多個地區的電腦。擔任研究員的羅伯特・泰勒構想出連接電腦的系統，將 ARPAnet 連上加州大學洛杉磯分校、史丹佛大學、加州大學聖巴巴拉分校、猶他大學等校內的電腦。1969年8月30日，加州大學洛杉磯分校電腦科學系教授萊昂納德・克蘭羅克（Leonard Kleinrock，1934～）向史丹佛大學的另一台電腦發送訊息，實現了透過網路連接的兩台電腦間資料傳輸的目標。

⚙ 讓使用網際網路成真的工具 —— 全球資訊網

　　如果網際網路是連接電腦與電腦的系統，「全球資訊網」（world wide web，www）則是讓使用網際網路成真的工具。電腦工程師提姆・伯納斯－李（Tim Berners-Lee，1955～）曾在歐洲粒子物理研究所工作。他看到研究所裡的漫天的大量

資料無法被好好處理，決心加以改善。1989年，他著手寫出點擊連結或輸入位址後會移動到虛擬空間網頁的規則和程式。自1990年代末起，網際網路開始正式用於我們的生活。

連接全世界網際網路的海底光纜

我們之所以能夠與外國連接網路，全要歸功於海底光纜。地面上可在電線桿或地下連接電線，而大海覆蓋之處，則是將光纜連接至海底。全世界只有1%的網際網路經由人造衛星，剩下的99%使用海底光纜。在選定安全場所後，進行周邊清掃，然後將光纜埋在海底。淺水處由潛水員負責，深海處由機器人負責。在深海處作業時，光纜被船隻或漁網勾到的風險較小。全世界海洋鋪設的光纜總和長達130萬公里。

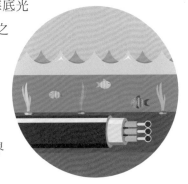

利用衛星的太空網際網路事業

電動車企業特斯拉（Tesla）和太空開發企業 Space X 的執行長伊隆‧馬斯克（Elon Musk）正在進行太空網際網路事業。直到2020年代中期為止，他將1萬2千顆小型衛星送入太空，企圖用網際網路連接全世界。目的是為提供價格低廉且訊號穩定的網際網路服務，利用網路開展更多樣的事業。截至2022年，他已發射數百顆衛星，提供測試服務。

電子郵件
e-mail

寄送沒有紙的信件

1971年發明電子郵件型態

現代人不習慣寫信、寄信，覺得不方便，因為要手寫紙本，還得親自上郵局寄送。電子郵件是利用電腦傳達內容的電子信件。只要連接網路，隨時可以向世界各地發送郵件。電子郵件是生活在電腦時代的必要功能。凡是現代人，任誰都有好幾個電子郵件地址。全世界有30億人口使用電子郵件，每日收發的郵件超過1000億封。

目前使用的電子郵件型態，為美國程式設計師雷蒙・湯姆林森在1971年發明的。之前也有其他電子郵件，但其用途有限。能以特定地址寄送給特定人員的電子郵件，由湯姆林森首度發明。他在被稱為網際網路鼻祖的ARPAnet上成功發送電子郵件。在相隔3.5公尺的兩台電腦上首度使用電子郵件。他使用意思為場所（at）的@，作為連結使用者與目的地的符號，他認為這個符號不會使用於其他用途。據說，湯姆林森自己也記不清第一封郵件的內容，可能是按照順序用鍵盤字鍵打下「QWERTYUIOP」。

成為詐騙工具的釣魚郵件

電子郵件被廣泛使用，除了原先的聯絡、公告等用途之外，也被濫用作為詐騙的工具。

詐騙電子郵件會以乍看不易分辨差異的網域名稱，或盜用合法網站的商標圖等

方式來偽裝成廣告或通知信。收信人若受騙進入信件中的連結網址，可能會因此被竊取信用卡號、帳號密碼等個人資料，或是駭入電腦裡威脅勒索使用人付款等。

收取電子郵件時務必仔細注意來信人資訊，是否使用不自然的語詞、字體、品質低劣的圖片等，也不要隨意點進信件中的連結，以確保使用安全。

電子郵件符號 @ 在不同國家有不同名稱

電子郵件中連結使用者與目的地的符號 @，在台灣稱為小老鼠，在美國是表示 at 的符號，在韓國是田螺，在義大利稱為蝸牛，在荷蘭稱為猴尾，在匈牙利稱為蚯蚓。

垃圾郵件

電子郵件發送容易，所以向不特定的多數人大量發送非必要資訊的垃圾郵件成為了問題。不僅電子郵件，簡訊、電話、即時通訊等彼此交換資訊的工具中也經常夾帶垃圾訊息。

為何垃圾郵件稱為spam，說法有很多種。一種說法是源於1970年代英國喜劇節目中經常出現罐頭火腿產品「SPAM」令人感到厭煩。1998年牛津英語詞典中，將spam收錄為正式單字，意指一次性向多數人發送電子郵件。

手機 mobile phone

邊走邊通話的時代

⚙ 手機是可隨身攜帶的無線電話

　　現今時代手機普及，隨處可見路人邊走邊通話的模樣；過去的電話連著線，是無法隨身攜帶的。第一支手機是摩托羅拉（Motorola）的 DynaTAC 8000X 試製品，由任職該公司的馬丁・庫珀博士和研究團隊在1973年開發而成。1973年4月3日，摩托羅拉在紐約曼哈頓希爾頓酒店附近，打電話給競爭對手的美國大型通訊公司 AT&T，用手機通話進行對話。當地距離 AT&T 的研究所約37公里，通話順利成功。

　　庫珀博士是看到科幻電視影集《星艦奇航記（Star Trek）》中出現的通話裝置而產生手機的構想。8000X 試製品長23公分、寬13公分、厚4.5公分、重1公斤以上，體積巨大。在10年後的1983年，DynaTAC 8000X 產品化上市。由於體積大，也被稱為「磚頭」。在當時要價接近4000美元，相當昂貴。雖然體積大、價格貴，但只能通話沒有其他功能，並且充電8小時後，僅可待機4小時或通話30分鐘左右。

⚙ 汽車上也安裝電話

　　汽車上安裝的車載電話比手機更早出現。於1946年首次上市，重量超過30公斤，通話成功率也很低。當時的美國市場主力通訊公司 AT&T 致力於開發車載電話。庫珀博士則預測未來通訊市場將迎來可攜式電話的時代，並且朝開發手機的方向邁進。

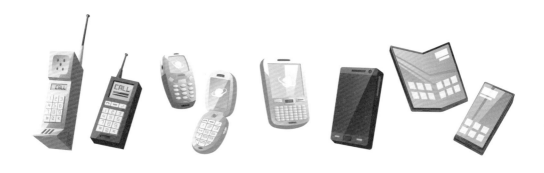

⚙ 進化成電腦的手機 ── 智慧型手機

　　DynaTAC 之後，手機不斷發展，尺寸縮小、通話時間拉長、功能也變多。隨著智慧型手機的登場，手機出現巨大轉變。智慧型手機以手指觸摸大螢幕為操作方式，可謂是「掌中電腦」，且擁有多樣功能。

　　世界上首次推出的智慧型手機是1992年問世的 IBM Simon。該款手機配有3吋螢幕，內建電子郵件、傳真、遊戲、通訊錄、計算機等多種功能。真正的智慧型手機時代，則是與蘋果 iPhone 同步開啟。2007年登場的 iPhone，徹底改變手機的使用方式和環境。

　　智慧型手機是除了衣服以外的隨身必帶物品。過去人們會帶錢包，但現在智慧型手機添加支付功能，不帶錢包也沒關係。智慧型手機不僅止於電話功能而已，裡頭還有音樂和影片播放、支付、身分證、電腦、圖書、購物、學習、導航、健康裝置、商務等多種功能。新的功能持續推出，智慧型手機已成為像人體一部分的隨身必需品。

數位相機
digital camera

跟底片說再見

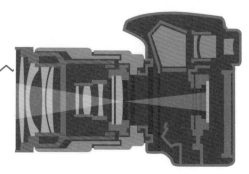

⚙ 取名數位的理由

　　現在是人手一台相機的時代，智慧型手機內建相機，任何人都可以輕鬆拍照。除了智慧型手機的相機外，目前使用的一般相機大部分也是數位式。數位是用數字來處理或表示資訊的方式。想想看電子錶或電子秤，它們都是用數字表示，而非指針移動。只用0和1二進制處理資訊的電腦，是代表性的數位機器。如電腦般運作的機器，也可以視為數位機器。過去，照相主要使用底片相機，底片相機必須取下底片，經過沖洗然後在紙上顯影出來。數位相機則是用圖片檔案的格式儲存，可以傳送到智慧型手機或電腦上，用螢幕就能輕鬆觀看。

⚙ 數位相機在1975年發明，市場從1990年代中期開始擴大的原因

　　矛盾的是，首台不使用底片的數位相機，是底片公司柯達（Kodak）的職員史蒂芬‧沙森在1975年開發而成。沙森一開始思考的是「究竟有無其他東西可以扮演底片的角色？」，最終開發出將照片儲存在磁帶上的數位相機。儲存一張照片需23秒，若要觀看拍攝的照片須另外使用播放裝置。該相機體積龐大，且重達3.6公斤，使用上相當不便，所以並未生產販售。當時也沒有數位相機這個名詞，故稱為「電子式靜態相機」或「無底片相機」。

　　產品化的數位相機從1980年代初期開始出現，市場正式擴大始於1990年代中期，也就是從個人電腦普及、電腦作業系統 Windows 95一一問世開始。

Windows 95增強了多媒體功能，看照片更方便。恰巧當時的網際網路用戶也越來越多，數位相機方便上網發送照片，於是開始廣為流行。

🌣 畫素越大越清晰

　　每當數位相機新產品推出時，都會提到相機畫素。畫素指的是構成照片或影像的最小單位，可想作是小點。畫素數值越大，可拍出越清晰細膩的照片。一般畫素為數百萬至數千萬單位，有時甚至超過億單位。柯達製造的第一台數位相機，僅僅10萬畫素而已，以現在的標準來看非常少。

數位相機拍照的原理

相機的原理是亞里斯多德發現的。他發現出在暗室的牆上穿洞的話，外面的風景會以上下顛倒、左右相反的樣子映在室內的牆壁上。

底片相機直接在底片上成像，經過沖洗將圖像移至紙上。而數位相機，則是在取代底片的 CCD（Charge Coupled Device）零件上成像。CCD 即影像感測器，作用類似人眼的視網膜，能將成像轉換成電流訊號，再將電流訊號轉為數位訊號存進記憶體中成為數位資料。

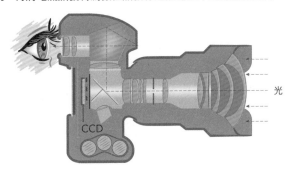

表情符號
emoticon

線上世界的表情管理

用字鍵組成情緒的表情符號，以圖表示的表情圖示

　　世界各國和地區使用的文字都不一樣。進入21世紀後，世界共用文字——表情符號登場。單看表情符號，即使沒有文字也能知道其含義。現今網際網路和智慧型手機連結了全世界，使表情符號更被廣泛使用，逐漸成為世界共用語言。

　　表情符號（emoticon）一詞由情緒（emotion）結合象徵或符號（icon）而成。表情符號是以字鍵原有的文字、數字和符號組成的，而類似表情符號的表情圖案（emoji）則是另外以圖製作的。尤其表情圖案是以圖呈現，可謂是仿物成形的象形文字再次復活，每張圖都被賦予了各自的意義。嚴格來說，表情符號（emoticon）與表情圖案（emoji）雖然不同，但一般都可以稱作表情符號。

^_^

1982年開發的表情符號和1997年開發的表情圖案

　　使用表情符號的第一人是美國卡內基美隆大學電腦科學系教授史考特‧法爾曼。1982年9月19日，他在學校電子公告欄上標註笑臉表情符號 :-) ，目的是為了區分出電子公告欄中的非重要文章，而重要文章則採用表示嚴肅認真的表情符號 :-(。西方的表情符號採橫向閱讀，東方則採正向閱讀的方式呈現。據說在法爾曼教授發明之前，也曾有類似表情符號的出現。1862年林肯總統的演講稿中有被推測意為「拍手微笑」的符號 ;) ，又或是1881年美國雜誌《Puck》中一篇文章出現的四個人類表情，被視為表情符號的起源。

使用圖畫的表情圖案，由任職日本通訊公司 NTT DOCOMO 的平面設計師栗田穰崇（1972～）在1997年發明。當時是為了加進訊息的附加功能而開發的。隨著2010年智慧型手機開始大眾化，表情圖案也迅速拓展。

🔅 每個時代與公司的表情符號略有不同

手機的登場是表情符號發展的契機。手機簡訊有70字的限制，超過70字就需要分兩則傳送。為了在70字以內表達情感，人們會使用表情符號。表情符號一開始為符號，後來變成圖案，最近又發展出動圖，還可以用自己的臉做成表情符號。（文字訊息的字數限制，請參考〈文字訊息〉篇）

谷歌、蘋果、微軟、臉書、X（推特）等主要資訊科技企業皆積極運用表情符號。最基本的笑臉表情符號，根據製作出處不同，給人的感覺也略有不同。

:(

O.O

1985年，美國
比爾·蓋茲（Bill Gates，1955～）

視窗 Window

為了進入電腦的窗戶

🔩 人們使用電腦的作業系統中，以 Windows 最有名

想想看，如果能與飼養的動物聊聊天該有多好。有時，語言不通令人鬱悶。如果與動物語言相通，應該可以相處得更愉快。我們使用的機器也一樣。如果操作方法艱深難學，就沒辦法順利使用。幸好機器具備輕鬆對話的方法。開啟與關閉開關、按下按鈕、找到功能表後觸控操作、用遙控器發送訊號的動作等，都是與機器對話的方法。

電腦上安裝的作業系統，既是執行功能的管理工具，同時也輔助人與電腦之間的對話。有了作業系統，使用電腦就更方便了。電腦用再好的零件製造，沒有安裝作業系統就無法使用。大部分的個人電腦使用微軟製的 Windows 作業系統。其實，除了 Windows 之外，電腦作業系統還有很多種，但以 Windows 最為有名，只要提起作業系統，人們就會直接想到它。「Windows」即為窗戶，由於執行畫面與窗戶的方格類似，所以如此命名。

⚙ 1985年首次推出 Windows

Windows 問世之前，要執行電腦功能必須親自輸入指令。指令繁多且要一一輸入，使用上相當困難。輸入方式除了打字以外別無他法。1985 年推出的Windows 將使用環境從文字轉換為圖形。從功能表上找到你要的項目點擊後就能執行該功能。滑鼠也在同時代開始使用。Windows 持續發展，直到1995年歷經了

重大轉變。我們現今使用的 Windows 型態始自 Windows 95，桌面背景、檔案夾、開始功能表、工作列等，今日人們熟悉的 Windows 樣貌就從那時開始的。

✦ Windows 之父 —— 比爾‧蓋茲

說到 Windows 就不得不提比爾‧蓋茲。原本就讀哈佛大學法律系的蓋茲，在校時期非常沉迷於電腦，特別是程式設計——利用電腦能懂的語言，使電腦運轉的作業。他與朋友保羅‧艾倫（Paul Allen，1953～2018）開發出用於驅動電腦的 Basic 程式。為專注在電腦上，蓋茲從哈佛大學輟學，與艾倫創立微軟公司。微軟受 IBM 委託，建製個人電腦的作業系統 MS-DOS。後來開發出自 MS-DOS 發展而來的 Windows，稱霸全球電腦市場。

比爾‧蓋茲也以身為首富聞名遐邇。他從 1995 年到 2007 年的 13年期間一直占據雜誌《富比士》所評選的世界首富之位。在 2008 年退出經營後，更積極展開慈善活動。

▲ 比爾‧蓋茲

✦ 電腦也會生病

電腦也會感染病毒。如果惡意程式進入電腦，影響作業系統或破壞資訊，電腦會完全停擺。癱瘓電腦的惡意程式，好比傳播疾病的病毒，稱為電腦病毒。至於作業系統或程式出現錯誤時，稱為發生程式錯誤（bug）。Bug 原意指蟲子，早期電腦體積龐大，內有大量電氣零件，如果蟲子進入電腦裡，電氣裝置發生故障就無法正常運轉。當時將電腦錯誤稱為 bug，而這樣的說法沿用至今。

文字訊息
text message

代替聲音的對話方法

文字訊息是在手機上撰寫文字後傳送給對方的溝通方式

曾經活躍一時的簡訊，在即時通訊服務登場之後，使用已不如從前頻繁。如果使用即時通訊，照片或影像也能立即發送，不必非得用文字說明。簡訊的功用雖然比起以前大幅下降許多，但它打下了即時通訊和社群網路服務的基礎，也導致手機使用方法出現重大轉折。

文字訊息的概念來自1984年芬蘭工程師馬帝・馬柯能（Matti Makkonen，1952～2015）的研發。而實際上，發送第一則簡訊的人是英國電腦工程師尼爾・帕普沃斯。1992年12月3日，他為行動通訊公司進行手機簡訊計畫時，發送給上司的簡短文字是史上第一則簡訊。簡訊內容為「聖誕快樂」。當時手機只有發送訊息的功能，還無法接收訊息。1993年，諾基亞（Nokia）推出可以收發簡訊的手機。

傳送文字訊息的限制

嚴格來說，簡訊分為簡短訊息服務（SMS，short message service）、多媒體訊息服務（MMS，multimedia messaging service）。一般說的簡訊是指 SMS 簡短訊息服務，台灣的簡訊字數限制為半形純英文數字160字；全形中英文及數字混合70字（即不得超過160字元）。而多媒體訊息服務既可以發送較長的文字，還能發送照片、影片等多媒體資訊。

🌀 與簡訊類似，但功能更多的即時通訊

即時通訊（messenger）與簡訊類似，但可以自由發送更多的內容。與每則簡訊都要付費的形式不同，透過智慧型手機，使用即時通訊幾乎免費。全世界都在使用What's App、微信、Telegram、LINE 等各種即時通訊。隨著即時通訊的使用率提高，簡訊的使用率也相對降低了。

主題標籤

社群網路服務（SNS，social networking service）與簡訊、即時通訊類似，但具備了超越對話、與他人共享自身日常生活或關心事務的功能。大眾得以在網路世界連結、交換資訊。臉書（Facebook）、Instagram、X（推特）等都是代表性的 SNS。全世界一半人口都在使用 SNS，SNS 已成為生活的一部分。然而，每天生產的資訊量超過數億則，要找到感興趣的資訊並不容易。主題標籤（hashtag）是一種標示方式，方便人們利用感興趣的單詞來尋找所需資訊。hash指的是電話的「#」字形，資訊技術上主要用以強調特殊意義。tag 是貼上標籤的意思，即搜尋的單詞或關鍵詞。主題標籤以「#＋單詞」的型態標示，如「#智慧型手機」。在 SNS 上點擊感興趣的主題標籤，就能看到貼有相同主題標籤的文章。

文字訊息限160字元的理由

限制160字元的原因有二。一是系統開發當時，曾對明信片或電報等各種訊息類型進行分析，發現大部分在100至200字元之間就能完成意思傳達，所以將每則簡訊的字元數限定為160字元。二是技術上也考慮到當時全球行動通訊系統（GSM）的許可量為160字元。後來，社群網路服務推特（現為 X）受簡訊影響，也曾將每則推文字數限為140字元（160字元扣除用戶名和指令符號等所需的20字元，即140字元。目前，除部分國家外，字數限制已上調至280字元）。

隨身碟
USB flash drive

電腦資料輕鬆帶著走

⚙ 電腦的可攜式儲存裝置 —— USB 快閃記憶體

電腦的可攜式儲存裝置的發展依序為磁片、CD 光碟、DVD 光碟至隨身碟。被當作遺物的磁片早就消失絕跡，CD 光碟和 DVD 光碟也已幾乎不用。雖然隨身碟尚被使用中，但現代科技已發展至雲端，使用雲端的話，連隨身碟都不必攜帶。

插入 USB 埠使用的快閃記憶體，稱為隨身碟。以手指節大小的隨身碟儲存資訊，就能簡便將資訊移轉至電腦或取出。USB 即「Universal Serial Bus（通用序列匯流排）」的縮寫，指的是電腦周邊裝置的資訊輸入輸出連接埠規範，由資訊通訊公司協議開發，將外接式裝置的連接埠標準化。

⚙ 隨身碟是 1999 年發明的

關於是誰先發明隨身碟技術的，眾說紛紜。1999 年開發技術的以色列公司 M-Systems 可被視為發明起源。M-Systems 是達夫・莫蘭在 1989 年創立的公司。莫蘭曾有筆記型電腦開不了機的窘迫經驗。他在飛機上使用筆記型電腦為發表會做準備，用完後便關機，但不知怎麼回事電池的電力耗盡。在不知情的狀況下，他開始進行發表，卻發生筆記型電腦開不了機的驚慌窘況。後來，莫蘭決心徹底要準備好預備資料，且在尋找他處儲存資料的方法時，開發出隨身碟。

🌑 隨身碟儲存容量越來越大

電腦使用0和1來處理資訊。計算0或1的個數時，使用位元（bit）單位。8個位元集合成1個位元組（byte）。英文字元或數字使用1個位元組；中文字使用2個位元組。1000個位元組集合成 KB（千位元組）；1000KB 集合成 MB（百萬位元組）。隨身碟剛問世的時候，容量為8、16、32MB。用智慧型手機拍一張照片也占2至3MB 左右，所以當時容量很小。現今，容量比初期大數百倍的128GB（十億位元組）、256GB 產品很常見，以 TB（兆位元組）為單位的產品也已上市。1GB 比1MB大1000倍；1TB 是1GB 的1000倍。兩小時的電影檔案大小一般為2至3GB 左右。1TB 的隨身碟可以存入300至500個電影檔案。

🌑 保存資料的快閃記憶體

快閃記憶體是即使裝置與電源分離，也能保管儲存資料的記憶體。1980年，任職東芝電子公司的舛岡富士雄（1943～）博士發明這項技術。快閃記憶體的體積小，可以儲存和刪除資料，所以用途廣泛。隨身碟內也使用快閃記憶體。一般說的智慧型手機或平板電腦的儲存空間，亦即快閃記憶體的容量。

數位的起步是類比

💠 數位時代中更具重要性的文字和數字

　　數位是為適用電子設備而創造的訊號，以制定好的數字來標示資訊。與數位相反的概念是類比，類比則是連續性的訊號。以體重計或時鐘為例，用數字表示是數位，用指針顯示是類比。溫度計也一樣。溫度用數字標示是數位，若以水銀柱的長度顯示溫度，則是類比。

　　即使對數位和類比的概念不清楚，我們對於數位已經習以為常。生活中處處不可或缺的電子設備就是數位產品。電腦、智慧型手機等，網路越發達世界就越數位化。數位意味著「尖端新穎」，類比意味著「舊式古老」，兩詞的使用已非僅僅訊號的顯示方法。雖然我們生活在數位世界裡，但一開始是類比世界。文字和數字是類比的產物，但在數位技術的創造與發展上扮演重大角色。

💠 文字

　　人類最初使用的溝通方式是話語。話一說完就會消失，所以只有在面對面交談時才能聽到。文字是為了記錄話語而產生的。據推測，自西元前7000多年前起，蘇美人就生活在美索不達米亞地區。蘇美人從西元前4000年左右開始復興、文明開花，西元前3000年左右最為昌盛繁榮。從出土的寫有楔形文字的黏土板來看，蘇美人在這個時期創造出楔形文字。「楔」指的是楔子，由於字形像楔子，所以稱為楔形文字。楔形文字是用尖銳的東西在黏土板上標記，用以記錄獻給神殿的貢品或農夫們以物易物的物品數量。

初期的楔形文字是一種象形文字，象形文字是表意文字，一個字有一個意思。象形意即表現物體的形態。世界上要表現的對象，若要全都以象形文字來表示，會需要極多的文字。表音文字是聲音文字，可按照耳中聽見的聲音寫下來。以基本字為基礎，便能做出眾多組合。隨著時間推移，楔形文字後來也變成表音文字。

▲ 寫有楔形文字的黏土板

⚙ 數字

阿拉伯數字由0到9的10個數字組成。無論多大的數都可以用這10個數字來表示。阿拉伯數字並非阿拉伯人所創。雖然不確知原創者，出現的時期也眾說紛紜，但大體上認為是西元600多年左右在印度所創。縱橫東西從事商業活動的阿拉伯人，開始使用方便實用的印度數字。阿拉伯貿易商遍布世界，因為是阿拉伯人使用的數字，所以稱為阿拉伯數字。印度所創的數字，最初沒有0。628年，印度天文學家暨數學家婆羅摩笈多（Brahmagupta）在天文學書中使用了0，被視為書寫0的最早紀錄。0表示什麼都沒有的狀態，表示空位。

阿拉伯數字之前，曾經也有數字。早期人類在動物骨頭上劃線來表示數。西元前2000年左右，巴比倫人以楔形表示數字。埃及數字是西元前3400多年左右用象形文字做成記號。羅馬數字是以希臘數字為基礎。中國以漢字來表示數字。

根據使用多少個數字，進位法也有所不同。阿拉伯數字是十進制。電腦上主要使用的二進制，只使用0和1兩個數字。古代巴比倫則是使用60進位的六十進制。

印度－阿拉伯	埃及	羅馬	馬雅	巴比倫	中國
1	I	I	•	♡	一
2	II	II	• •	♡ ♡	二
3	III	III	• • •	♡♡♡	三
4	IIII	IV	• • • •	♡♡♡♡	四
5	III II	V	───	♡♡♡♡♡	五
6	III III	VI	•─	♡♡♡ ♡♡♡	六
7	IIII III	VII	••─	♡♡♡♡ ♡♡♡	七
8	IIII IIII	VIII	•••─	♡♡♡♡ ♡♡♡♡	八
9	IIII IIIII	IX	••••─	♡♡♡♡♡ ♡♡♡♡	九
10	∩	X	═══	⟨	十
100	☌	C	⬭	♡⟨⟨	百

國家圖書館出版品預行編目(CIP)資料

圖解100個改變世界的關鍵發明：顯微鏡、罐頭、疫
苗……見證那些顛覆人類生活的創意奇想/林唯信著
；賴姵瑜譯. -- 初版. -- 臺北市：臺灣東販股份有限公
司, 2023.11
224面；16.6×23公分
譯自：맛있고 재밌고 편리한 것들의 기원과 원리 100
ISBN 978-626-329-991-7(平裝)

1.CST: 科學技術 2.CST: 發明 3.CST: 通俗作品

440.6   112012349

圖解 100個 改變世界的關鍵發明

顯微鏡、罐頭、疫苗……見證那些顛覆人類生活的創意奇想

2023年11月1日初版第一刷發行

作　　者　林唯信
譯　　者　賴姵瑜
編　　輯　曾羽辰
特約美編　鄭佳容
發 行 人　若森稔雄
發 行 所　台灣東販股份有限公司
　　　　　＜地址＞台北市南京東路4段130號2F-1
　　　　　＜電話＞(02)2577-8878
　　　　　＜傳真＞(02)2577-8896
　　　　　＜網址＞http://www.tohan.com.tw
郵撥帳號　1405049-4
法律顧問　蕭雄淋律師
總 經 銷　聯合發行股份有限公司
　　　　　＜電話＞(02)2917-8022

著作權所有，禁止轉載。
購買本書者，如遇缺頁或裝訂錯誤，
請寄回調換（海外地區除外）。
Printed in Taiwan.